智能制造系列教材

传感
与测量技术

SENSORS AND
MEASUREMENT TECHNOLOGY

董永贵　编著

清华大学出版社
北京

图书在版编目（CIP）数据

传感与测量技术/董永贵编著.—北京：清华大学出版社，2022.3（2025.2重印）
智能制造系列教材
ISBN 978-7-302-60274-3

Ⅰ.①传… Ⅱ.①董… Ⅲ.①传感器－高等学校－教材 ②测量技术－高等学校－教材
Ⅳ.①TP212 ②TB22

中国版本图书馆 CIP 数据核字（2022）第 036836 号

责任编辑：刘　杨　冯　昕
封面设计：李召霞
责任校对：王淑云
责任印制：杨　艳

出版发行：清华大学出版社
　　　　网　　　址：https://www.tup.com.cn，https://www.wqxuetang.com
　　　　地　　　址：北京清华大学学研大厦 A 座　　　邮　　编：100084
　　　　社 总 机：010-83470000　　　　　　　　邮　　购：010-62786544
　　　　投稿与读者服务：010-62776969，c-service@tup.tsinghua.edu.cn
　　　　质量反馈：010-62772015，zhiliang@tup.tsinghua.edu.cn
印 装 者：涿州市般润文化传播有限公司
经　　销：全国新华书店
开　　本：170mm×240mm　　印　张：6.75　　　　字　　数：132 千字
版　　次：2022 年 4 月第 1 版　　　　　　　　印　　次：2025 年 2 月第 2 次印刷
定　　价：26.00 元

产品编号：088959-01

智能制造系列教材编审委员会

主任委员

李培根　雒建斌

副主任委员

吴玉厚　吴　波　赵海燕

编审委员会委员（按姓氏首字母排列）

陈雪峰	邓朝晖	董大伟	高　亮
葛文庆	巩亚东	胡继云	黄洪钟
刘德顺	刘志峰	罗学科	史金飞
唐水源	王成勇	轩福贞	尹周平
袁军堂	张　洁	张智海	赵德宏
郑清春	庄红权		

秘书

刘　杨

多年前人们就感叹,人类已进入互联网时代;近些年人们又惊叹,社会步入物联网时代。牛津大学教授舍恩伯格(Viktor Mayer-Schönberger)心目中大数据时代最大的转变,就是放弃对因果关系的渴求,转而关注相关关系。人工智能则像一个幽灵徘徊在各个领域,兴奋、疑惑、不安等情绪分别蔓延在不同的业界人士中间。今天,5G的出现使得作为整个社会神经系统的互联网和物联网更加敏捷,使得宛如社会血液的数据更富有生命力,自然也使得人工智能未来能在某些局部领域扮演超级脑力的作用。于是,人们惊呼数字经济的来临,憧憬智慧城市、智慧社会的到来,人们还想象着虚拟世界与现实世界、数字世界与物理世界的融合。这真是一个令人咋舌的时代!

但如果真以为未来经济就"数字"了,以为传统工业就"夕阳"了,那可以说我们就真正迷失在"数字"里了。人类的生命及其社会活动更多地依赖物质需求,除非未来人类生命形态真的变成"数字生命"了,不用说维系生命的食物之类的物质,就连"互联""数据""智能"等这些满足人类高级需求的功能也得依赖物理装备。所以,人类最基本的活动便是把物质变成有用的东西——制造!无论是互联网、物联网、大数据、人工智能,还是数字经济、数字社会,都应该落脚在制造上,而且制造是其应用的最大领域。

前些年,我国把智能制造作为制造强国战略的主攻方向,即便从世界上看,也是有先见之明的。在强国战略的推动下,少数推行智能制造的企业取得了明显效益,更多企业对智能制造的需求日盛。在这样的背景下,很多学校成立了智能制造等新专业(其中有教育部的推动作用)。尽管一窝蜂地开办智能制造专业未必是一个好现象,但智能制造的相关教材对于高等院校与制造关联的专业(如机械、材料、能源动力、工业工程、计算机、控制、管理……)都是刚性需求,只是侧重点不一。

教育部高等学校机械类专业教学指导委员会(以下简称"教指委")不失时机地发起编著这套智能制造系列教材。在教指委的推动和清华大学出版社的组织下,系列教材编委会认真思考,在2020年新型冠状病毒肺炎疫情正盛之时即视频讨论,其后教材的编写和出版工作有序进行。

本系列教材的基本思想是为智能制造专业以及与制造相关的专业提供有关智能制造的学习教材,当然也可以作为企业相关的工程师和管理人员学习和培训之用。系列教材包括主干教材和模块单元教材,可满足智能制造相关专业的基础课和专业课的需求。

主干课程教材,即《智能制造概论》《智能装备基础》《工业互联网基础》《数据技术基础》《制造智能技术基础》,可以使学生或工程师对智能制造有基本的认识。其中,《智能制造概论》教材给读者一个智能制造的概貌,不仅概述智能制造系统的构成,而且还详细介绍智能制造的理念、意识和思维,有利于读者领悟智能制造的真谛。其他几本教材分别论及智能制造系统的"躯干""神经""血液""大脑"。对于智能制造专业的学生而言,应该尽可能必修主干课程。如此配置的主干课程教材应该是此系列教材的特点之一。

特点之二在于配合"微课程"而设计的模块单元教材。智能制造的知识体系极为庞杂,几乎所有的数字-智能技术和制造领域的新技术都和智能制造有关。不仅涉及人工智能、大数据、物联网、5G、VR/AR、机器人、增材制造(3D 打印)等热门技术,而且像区块链、边缘计算、知识工程、数字孪生等前沿技术都有相应的模块单元介绍。这套系列教材中的模块单元差不多成了智能制造的知识百科。学校可以基于模块单元教材开出微课程(1 学分),供学生选修。

特点之三在于模块单元教材可以根据各个学校或者专业的需要拼合成不同的课程教材,列举如下。

♯ 课程例 1——"智能产品开发"(3 学分),内容选自模块:
➤ 优化设计
➤ 智能工艺设计
➤ 绿色设计
➤ 可重用设计
➤ 多领域物理建模
➤ 知识工程
➤ 群体智能
➤ 工业互联网平台(协同设计,用户体验……)

♯ 课程例 2——"服务制造"(3 学分),内容选自模块:
➤ 传感与测量技术
➤ 工业物联网
➤ 移动通信
➤ 大数据基础
➤ 工业互联网平台
➤ 智能运维与健康管理

♯ 课程例 3——"智能车间与工厂"(3 学分),内容选自模块:
➤ 智能工艺设计
➤ 智能装配工艺

➢ 传感与测量技术

➢ 智能数控

➢ 工业机器人

➢ 协作机器人

➢ 智能调度

➢ 制造执行系统(MES)

➢ 制造质量控制

总之,模块单元教材可以组成诸多可能的课程教材,还有如"机器人及智能制造应用""大批量定制生产"等。

此外,编委会还强调应突出知识的节点及其关联,这也是此系列教材的特点。关联不仅体现在某一课程的知识节点之间,也表现在不同课程的知识节点之间。这对于读者掌握知识要点且从整体联系上把握智能制造无疑是非常重要的。

此系列教材的编著者多为中青年教授,教材内容体现了他们对前沿技术的敏感和在一线的研发实践的经验。无论在与部分作者交流讨论的过程中,还是通过对部分文稿的浏览,笔者都感受到他们较好的理论功底和工程能力。感谢他们对这套系列教材的贡献。

衷心感谢机械教指委和清华大学出版社对此系列教材编写工作的组织和指导。感谢庄红权先生和张秋玲女士,他们卓越的组织能力、在教材出版方面的经验、对智能制造的敏锐是这套系列教材得以顺利出版的最重要因素。

希望这套教材在庞大的中国制造业推进智能制造的过程中能够发挥"系列"的作用!

2021 年 1 月

制造业是立国之本,是打造国家竞争能力和竞争优势的主要支撑,历来受到各国政府的高度重视。而新一代人工智能与先进制造深度融合形成的智能制造技术,正在成为新一轮工业革命的核心驱动力。为抢占国际竞争的制高点,在全球产业链和价值链中占据有利位置,世界各国纷纷将智能制造的发展上升为国家战略,全球新一轮工业升级和竞争就此拉开序幕。

近年来,美国、德国、日本等制造强国纷纷提出新的国家制造业发展计划。无论是美国的"工业互联网"、德国的"工业4.0",还是日本的"智能制造系统",都是根据各自国情为本国工业制定的系统性规划。作为世界制造大国,我国也把智能制造作为制造强国战略的主改方向,于2015年提出了《中国制造2025》,这是全面推进实施制造强国建设的引领性文件,也是中国建设制造强国的第一个十年行动纲领。推进建设制造强国,加快发展先进制造业,促进产业迈向全球价值链中高端,培育若干世界级先进制造业集群,已经成为全国上下的广泛共识。可以预见,随着智能制造在全球范围内的孕育兴起,全球产业分工格局将受到新的洗礼和重塑,中国制造业也将迎来千载难逢的历史性机遇。

无论是开拓智能制造领域的科技创新,还是推动智能制造产业的持续发展,都需要高素质人才作为保障,创新人才是支撑智能制造技术发展的第一资源。高等工程教育如何在这场技术变革乃至工业革命中履行新的使命和担当,为我国制造企业转型升级培养一大批高素质专门人才,是摆在我们面前的一项重大任务和课题。我们高兴地看到,我国智能制造工程人才培养日益受到高度重视,各高校都纷纷把智能制造工程教育作为制造工程乃至机械工程教育创新发展的突破口,全面更新教育教学观念,深化知识体系和教学内容改革,推动教学方法创新,我国智能制造工程教育正在步入一个新的发展时期。

当今世界正处于以数字化、网络化、智能化为主要特征的第四次工业革命的起点,正面临百年未有之大变局。工程教育需要适应科技、产业和社会快速发展的步伐,需要有新的思维、理解和变革。新一代智能技术的发展和全球产业分工合作的新变化,必将影响几乎所有学科领域的研究工作、技术解决方案和模式创新。人工智能与学科专业的深度融合、跨学科网络以及合作模式的扁平化,甚至可能会消除某些工程领域学科专业的划分。科学、技术、经济和社会文化的深度交融,使人们可以充分使用便捷的软件、工具、设备和系统,彻底改变或颠覆设计、制造、销售、服务和消费方式。因此,工程教育特别是机械工程教育应当更加具有前瞻性、创新性、开放性和多样性,应当更加注重与世界、社会和产业的联系,为服务我国新的"两步走"宏伟愿景作出更大贡献,为实现联合国可持续发展目标发挥关键性引领作用。

需要指出的是,关于智能制造工程人才培养模式和知识体系,社会和学界存在多种看法,许多高校都在进行积极探索,最终的共识将会在改革实践中逐步形成。我们认为,智能制造的主体是制造,赋能是靠智能,要借助数字化、网络化和智能化的力量,通过制造这一载体把物质转化成具有特定形态的产品(或服务),关键在于智能技术与制造技术的深度融合。正如李培根院士在本系列教材总序中所强调的,对于智能制造而言,"无论是互联网、物联网、大数据、人工智能,还是数字经济、数字社会,都应该落脚在制造上"。

经过前期大量的准备工作,经李培根院士倡议,教育部高等学校机械类专业教学指导委员会(以下简称"教指委")课程建设与师资培训工作组联合清华大学出版社,策划和组织了这套面向智能制造工程教育及其他相关领域人才培养的本科教材。由李培根院士和雒建斌院士为主任、部分教指委委员及主干教材主编为委员,组成了智能制造系列教材编审委员会,协同推进系列教材的编写。

考虑到智能制造技术的特点、学科专业特色以及不同类别高校的培养需求,本套教材开创性地构建了一个"柔性"培养框架:在顶层架构上,采用"主干课教材+专业模块教材"的方式,既强调了智能制造工程人才培养必须掌握的核心内容(以主干课教材的形式呈现),又给不同高校最大程度的灵活选用空间(不同模块教材可以组合);在内容安排上,注重培养学生有关智能制造的理念、能力和思维方式,不局限于技术细节的讲述和理论知识推导;在出版形式上,采用"纸质内容+数字内容"相融合的方式,"数字内容"通过纸质图书中镶嵌的二维码予以链接,扩充和强化同纸质图书中的内容呼应,给读者提供更多的知识和选择。同时,在教指委课程建设与师资培训工作组的指导下,开展了新工科研究与实践项目的具体实施,梳理了智能制造方向的知识体系和课程设计,作为整套系列教材规划设计的基础,供相关院校参考使用。

这套教材凝聚了李培根院士、雒建斌院士以及所有作者的心血和智慧,是我国智能制造工程本科教育知识体系的一次系统梳理和全面总结,我谨代表教育部机械类专业教学指导委员会向他们致以崇高的敬意!

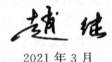

2021 年 3 月

前言

PREFACE

子曰:"学而时习之,不亦说乎?"

鼓励学生多做练习的时候,经常会用到这句圣人的名言。"说"通"悦",然而,至少我自己很少能从题海中体验到愉悦的感觉。换一种解读方式,取"说"字的本义,做"解释"讲,这句圣人名言或许更合理一些:治学是很个性化的事情。每一次的"习"都是习者从特定角度对"学"进行的阐释。"学"的内容,也在这种多视角的解读与释义过程中,逐渐变得丰满与完善。

这种解读方式,当然不能获得文科老师的认可。然而,对于工科专业的学习而言,却是有益的。传感与测量技术发展到今天,涉及的内容繁杂多样。细究起来,所依据的基本原理不是很多。新的理论更是非常之少,大部分公式甚至还是百年之前出现的。学习专业知识,观点的多样性非常重要。读者可以将文献中出现的具体内容,视为作者对基本原理的一种解读,再设身处地思考作者给出这种解读的心路历程,学习就不会再局限于被动地接受他人的看法,从而逐渐形成真正属于自己的知识体系。

传感与测量技术,覆盖的专业领域非常广,有明显的学科交叉性质。伴随工业4.0时代的到来,这一方向的发展呈现出两方面的特点。一是基本原理、基础知识的稳定不变性。传感器及测量系统所涉及的基本物理原理以及常用技术,大多是相当成熟的内容,多少年来很少有大的变动。二是实现技术及应用技术的易变性。随着微机电系统(micro electromechanical system,MEMS)技术、计算技术、网络技术等的快速进步,传感器尤其是传感系统的具体组成形式、信号处理技术等,均会不断更新。因此,本书重点介绍基本原理、基本概念、通用性技术等专业基础知识,希望读者能通过本书内容的阅读,在脑海中建立起直观、易理解的物理画面。建议读者在学习过程中,注意将这种物理画面与可能遇到的一些专业问题、专业文献联系起来,给出自己的解读,以提高将专业课程中所学知识应用到具体工程实践中的能力。

全书共分6章。第1章介绍了测量系统中信号与信息的概念,包括信号与噪声,信号的时域与频域的表达方式等。第2章介绍了传感器与测量系统的基本概念,包括线性非时变系统中的卷积、基本测量原理以及测量系统的基本特性。第3章介绍了测量中的误差,包括测量系统中常见误差源的分析计算方法、测量数据的回归分析、仪器性能评估等内容。第 4 章介绍了典型物理参量的测量原理,包括机电工程领域中常见的传感器。第 5 章介绍了信号的采样与数字信号处理技术,包括基于采样定理的传统采样方式以及基于傅里叶变换的数字滤波器,并对压缩采样、符号化时间序列分析、非线性滤波器等内容,给出了直观易理解的简单解释。第 6 章介绍了工业物联网与信息物理系统。从现场监测对信号获取及数据管理技术的需求角度,介绍了分布式测控系统的一些常见概念。

　　本书可供高等工科院校中与测量技术相关专业的师生使用,也可供从事相关领域研究开发的工程技术人员学习和参考。每一章的内容相对独立,读者也可选取其中的部分章节进行学习。

　　这种侧重于直观解读的教材编写方式,笔者也是初次尝试。书中难免存在不当之处,殷切希望读者提出宝贵意见。

董永贵

2021 年 5 月于清华园

目 录

CONTENTS

第1章

信号中的信息

"信息"已经成为这个时代几乎每天都会遇到的关键词之一。什么是信息？信息是如何产生与传播的？类似这种偏于哲理化的概念问题，尽管也很重要，但实际应用价值未必那么大。对于绝大部分科研工作者或工程技术人员来说，更关注的是信息获取、存储、处理与传输等方面的技术内容。因此，本章将从工程应用的角度出发，介绍传感与测量领域中的信号与信息。简单来说，信息可以认为是源自某种传感器的输出信号。对这种输出信号进行测量与分析，所得到的有具体物理意义的结果是信息。

1.1 信号的基本形式

物理世界的信号，可能有很多具体表现形式。例如，空气中的声音信号与麦克风导线上的电信号，前者是以机械振动形式传播的，后者则是以电压形式传播的。然而，如果是同一个人发出的声音，则两种信号在数学上是相同的。因此，在传感与测量领域中，更多采用数学中的函数方式给出信号的概念：信号是相对于一个或多个自变量变化的数值量，其中自变量可以是时间，也可以是位置或其他变量。这样，在后续的信号分析与处理中，就不需要再关注信号的具体物理来源。

大部分情况下，信号是随时间变化的数值量，即时间的函数。根据时间变量的取值方式，信号可分为连续时间信号与离散时间信号两种形式。连续时间信号一般也称为模拟信号。如图 1-1(a)所示，时间变量是连续取值的，在任意时刻 t，信号 $s(t)$ 都有相应的数值，并且这种数值也是连续变化的。换句话说，在时间、幅度两个坐标轴上，连续时间信号均是连续无间断变化的。

与此相反，如图 1-1(b)所示的离散时间信号，时间变量则是离散取值的，且一般采用等时间间隔 Δt 的形式进行取值，因此自变量也由时间 t 变为整数 n，$s(n) = s(n \cdot \Delta t)$。需要注意的是，由于离散时间信号仅在 Δt 的整数倍位置取值，在两个取值点之间的数值是不确定的。例如，图 1-1(b)中虚线位置处的信号幅值大小是无法知道的，一般只能默认信号在两个相邻点之间平滑变化，不会出现如图中虚线

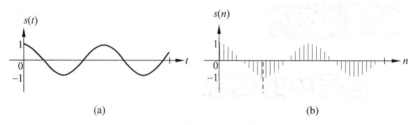

图 1-1 连续时间信号与离散时间信号

这样的突变数值。

将离散时间信号的幅度取值离散化,即 $s(n)$ 仅可能是 Δs 的整数倍,即得到计算机领域最为常见的数字信号。换句话说,在时间、幅度两个坐标轴上,数字信号均是"间隔"取值的。

关于 $s(t)$ 及 $s(n)$ 符号的用法,还有一个需要说明的细节:$s(t)$ 有时用于表示信号在 t 时刻的取值,有时则用于表示全部的信号。$s(n)$ 的用法也是一样。

在智能传感器领域,如图 1-2 所示的准数字信号也很常见。准数字信号的幅值是二值化的(高、低电平),但在时间轴上的取值却是连续的,信号中的有用信息体现为电平上升/下降沿之间的时间长度。信号幅值的小范围波动不至于影响信号的品质,准数字信号在传输的抗干扰性、与数字电路接口的友好性等方面具有突出的优势。最常见的准数字信号就是频率信号,即信号中的信息是荷载于频率 f_x 或周期 T_x 之上的。在传感器中更常见的应用方式则是高、低电平的占空比(T_p/T_x)、频宽比(T_x/T_p)及脉宽调制(pulse width modulation,PWM)技术中常见的脉宽比(恒定周期 T_x 时的 t_s/t_p)。

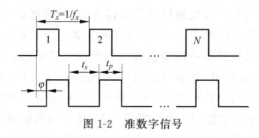

图 1-2 准数字信号

1.2 噪声与干扰

真实的信号中,多多少少会含有一些噪声。噪声是传感与测量领域的核心问题之一,直接影响从信号中提取出的信息品质以及获取这些信息的经济性。然而,什么是噪声?对这样一个简单问题给出满意的答案,却并不是一件容易的事情。事实上,根据具体应用场景的不同,可以从很多不同的角度来分析噪声。在测量系统中,噪声的存在主要限制了模拟电路的性能,如果不考虑噪声的影响,则对测量系统的分析是不完整的。也正因为如此,在涉及模拟电路的传感与测量方面的研究文献中,经常会出现大量的噪声分析内容。

携带有用信息的信号,通过传感器进入测量系统。在整个传递路径中,信号可能会失真,并且不可避免地会增加一些额外的扰动。真实的物理环境中,不可能存在一种完全不受干扰的信号测量电路。因此,在信号获取与处理过程中,总会在某种程度上损失一些信息。

简单来说,信号中所有不携带可利用信息的成分,都可以称为噪声。信噪比(signal-to-noise ratio,SNR)是一个重要指标,通常用分贝(dB)表示:

$$\text{SNR} \mid_{\text{dB}} = 10\log_{10}\left(\frac{P_{\text{signal}}}{P_{\text{noise}}}\right) \tag{1-1}$$

其中,P_{signal} 是信号(含有可利用信息)的平均功率,P_{noise} 是噪声的平均功率。

如图 1-3 所示,测量系统的输出信号,实际上是信号、测量电路、噪声共同作用的结果。仅仅提高测量电路的放大倍数,会将信号与噪声一同放大,无法提高测量系统的信噪比。测量电路需要处理一定动态范围内的信号,噪声幅值的大小直接影响测量系统的分辨率。测量信号的幅值应该远高于噪声信号的幅值(如图 1-4 所示),即信号的 SNR 足够高,才能获得比较理想的测量结果。

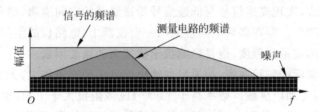

图 1-3 测量系统中的信号与噪声

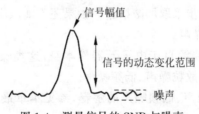

图 1-4 测量信号的 SNR 与噪声

测量系统中常见的 SNR 数值,参见本章最后的二维码链接 1-1 SNR 的常见数值。

噪声可以认为是对理想信号的一种多余扰动。根据噪声信号的来源,大致可分为 2 种。

(1)噪声来源于测量系统内部,由测量系统中材料或器件的物理原因所导致。

(2)噪声来源于测量系统外部,由测量环境中其他电路或部件产生,通过某种耦合路径进入测量系统。

为了区别,通常称前者为噪声,称后者为干扰。

从理论上讲,这种分类方式还是有些疑义的。最典型的例子就是测量系统内部信号的交叉耦合问题。例如,在放大器输出端的高幅值信号,很可能会耦合到输入端,对低幅值的输入信号形成干扰。再如,如果在同一块电路板中同时存在模拟电路与数字电路,数字信号很可能会耦合到模拟电路中形成干扰。不过,应用中更关注测量系统实际能够达到的 SNR,因此这种疑义不至于导致太大问题。

来自测量系统外部的干扰属于理论上可消除的噪声。在工业应用中,电源的干扰必须引起足够的重视。常见的电源干扰如:供电线路中的严重超载引起的电压降低、大负载切断时造成的超压、非线性功率因子负载引起的正弦波失真、电源频率与相位的漂移等。一般可以通过合理布线、屏蔽、滤波、工作时间错开、配置稳压电源等手段,对这些干扰信号加以排除或削弱。

由电磁感应引入的电磁干扰,一般归结为电磁兼容性(electromagnetic compatibility,EMC)问题。测量系统大多是同时存在模拟、数字信号的混合系统。传输线路间的电磁耦合,可导致比较大的干扰信号。这类干扰的特点往往是由大量的短尖脉冲组成,其幅度和相位都是随机的,脉冲的形状也多种多样。这类噪声不可能完全消除,只能设法减少。例如,设计印刷电路板时,通常通过元件布局及走线调整的方式,实现高速信号与低速信号传递路径的空间隔离,尽可能避免或削弱这类干扰的产生。存在多块电路板的同一台仪器中,电路板的空间布局、彼此之间的连接导线的规范化程度,也是影响抗干扰能力的重要因素。

对于一个实际的测量系统,如果发现输出信号中的噪声很大,无法区分是干扰还是噪声时,可先加以屏蔽。频率高于 1 000 Hz 或阻抗大于 1 kΩ 时,一般采用金属导体,如铝或铜进行屏蔽。对于低频扰动或低阻抗的情况,则可采用铁镍导磁合金等进行磁屏蔽。此外,也可先给前置电路单独供电,如有效果,则可认为扰动主要来自外部干扰,再进一步采取屏蔽措施。如果还不能减小扰动,则应认为扰动主要源自系统内部的随机噪声。

系统内部的噪声主要源自于电子元器件本身,这类噪声大部分是随机噪声。常见的噪声包括热噪声、散粒噪声、低频噪声。

关于热噪声、散粒噪声、低频噪声的解释,参见本章最后的二维码链接 1-2 系统内部的常见噪声源。

1.3　时域信号的基本特性

考虑这样一个生活中的问题:如何判断超市中的某款产品是否值得购买?一般会从两方面考虑:一是分析该产品的基本功能;二是将该产品与其他产品进行对比。

对时域信号的分析,基本上也会采取类似的方式,只不过这一分析过程是定量化的。一是分析信号的基本参数；二是将该信号与已知的"基准"信号进行比对。

1.3.1 信号的基本参数

首先需要考虑的问题：信号有多强？常用的衡量参数是信号的能量或功率。信号 $s(t)$ 的能量定义为：

$$E_s = \int_{-\infty}^{+\infty} s^2(t)\,\mathrm{d}t \tag{1-2}$$

采用信号平方的计算方式，可避免正负数值相互抵消的问题。由于积分范围是整个时间轴，因此信号可分为两种。其一是能量有限信号，$E_s = \int_{-\infty}^{+\infty} s^2(t)\,\mathrm{d}t < +\infty$，简称能量信号。非周期信号、在有限时间内存在的确定性信号，可能是能量信号。另一种信号的总能量是无限的，如周期信号、阶跃信号、随机信号等，但功率则是有限的，称为功率有限信号，简称功率信号。这类信号的强度用功率的方式衡量，即 $P_s = \lim\limits_{T \to +\infty} \dfrac{1}{T} \int_{-T/2}^{+T/2} s^2(t)\,\mathrm{d}t$。

值得注意的是，在计算机中运算时，只能针对有限长度的离散信号 $s(n)$ 进行计算，因此上面的能量与功率两种计算方式实际上没有太大差别。

其他的常用参数包括均值、方差、标准差、均方根（RMS）值等统计学参数。

对图 1-5(a) 所示信号 $y(t)$，如将信号的测量值分为间隔 Δy 的 8 个级别，统计落在每个级别中的测量值的点数，就可得到图 1-5(b) 所示直方图，其中 $p_j = \dfrac{\text{测量值落在第 } j \text{ 层的点的数目}}{\text{总的统计点数}}$。$\Delta y \to 0$ 时，就是统计学中的概率密度函数 $p(y)$，如图 1-5(c) 所示。

需要注意的是，连续信号与数字信号的计算方式是有区别的。从上文分析可以看出，$p_j < 1$，但统计学中的概率密度函数仅要求 $\int p(y)\,\mathrm{d}y = 1$，因此 $p(y)$ 是可能大于 1 的。所以，数字信号的概率密度分布称为概率质量函数（probability mass function），以区别连续信号的概率密度函数（probability density function）。

将信号视为一组通过连续测量得到的测量值，则其相应的统计特征量如下。

均值（信号中的常值分量）：$\mu_s = \lim\limits_{T \to +\infty} \dfrac{1}{T} \int_0^T s(t)\,\mathrm{d}t$

方差（信号的波动分量，平方根为标准差）：$\sigma_s^2 = \lim\limits_{T \to +\infty} \dfrac{1}{T} \int_0^T [s(t) - \mu_s]^2\,\mathrm{d}t$

均方值（信号的平均功率，平方根为均方根值）：$\psi_s^2 = \lim\limits_{T \to +\infty} \dfrac{1}{T} \int_0^T s^2(t)\,\mathrm{d}t$

三者关系为：$\sigma_s^2 = \psi_s^2 - \mu_s^2$

显然，理想直流电压信号的均值就是其电压值。理想正弦交流信号的均值为零。调制在直流电压信号上的正弦交流信号的均值就是直流电压值，称为直流

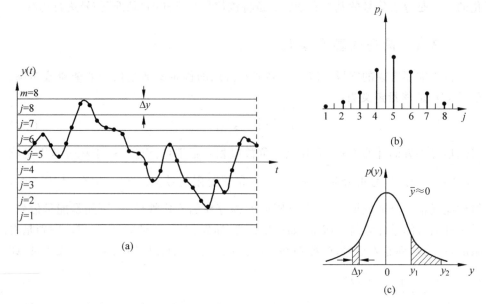

图 1-5　信号测量结果的统计

分量。

多数噪声的算术平均值为零,因此噪声的均方根值是度量噪声水平的重要参数,称为有效噪声水平。

根据噪声功率密度与频率之间的关系,可将噪声分为白噪声以及有色噪声。白噪声的功率密度与频率无关,有色噪声的功率密度则与频率有关。具体内容参见本章最后的二维码链接 1-3 噪声的颜色。

1.3.2　信号的相关计算

将真实信号与已知特性的参考信号进行比对,是时域信号分析的常用手段。作为对照基准的参考信号,一般比真实信号简单很多,如正弦信号。通过比对分析,可以了解一个复杂的真实信号究竟在多大程度上"像"那些简单的、容易理解的信号。因此,只要参考信号选取合适,则这种比对结果可以给出信号的另一种表达方式。与原始的时域信号相比,这种表达方式中的信号特征更加显著,也更容易解读。

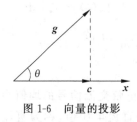

图 1-6　向量的投影

首先介绍一下向量投影的概念。如图 1-6 所示,向量 g 在 x 上的投影 cx,即向量 g 在 x 方向上的分量,可以用向量间的点积计算:

$$c = \frac{(g,x)}{(x,x)} = \frac{g \cdot x}{x \cdot x} = \frac{g \cdot x}{|x|^2} = \frac{1}{|x|^2}|g||x|\cos\theta$$

(1-3)

因此,投影在数学上就可以表达为向量间的一种点积运算,即 $(g,x)=g\cdot x=|g||x|\cos\theta$。显然,如果两向量相互垂直(正交),$\theta=90°$,则 $(g,x)=0$,此时两向量完全无关,或者更通俗一些说是完全不相似,即相似度为零。

说明方便起见,考虑用向量表示的离散信号,比如:

$$x=\begin{bmatrix} x_1 & x_2 & \cdots x_N \end{bmatrix},\quad y=\begin{bmatrix} y_1 & y_2 \cdots y_N \end{bmatrix},$$

去掉均值后的向量为:

$$\bar{x}=\begin{bmatrix} x_1-\mu_x & x_2-\mu_x \cdots x_N-\mu_x \end{bmatrix},\quad \bar{y}=\begin{bmatrix} y_1-\mu_y & y_2-\mu_y \cdots y_N-\mu_y \end{bmatrix}$$

两信号之间的相似程度,可以用皮尔逊相关系数(Pearson correlation coefficient)进行计算,即:

$$\rho_{xy}=\frac{1}{(N-1)\sigma_x\sigma_y}\sum_{n=1}^{N}(x_n-\mu_x)(y_n-\mu_y)=\frac{1}{(N-1)\sigma_x\sigma_y}\bar{x}\cdot\bar{y} \tag{1-4}$$

其中,σ_x、σ_y 分别为两信号的标准差。由于用标准差做了归一化处理,所以 ρ_{xy} 的取值范围在 $-1\sim+1$ 之间。

显然,如果不考虑 ρ_{xy} 的取值范围,就可以用点积($\bar{x},\bar{y}$)来衡量两向量间的相似程度。换句话说,信号间的相关问题,转换成了一个信号向量对另一个信号向量的投影问题。当两个信号不相关时,其 N 维向量是相互正交的,彼此之间的投影为零。实际上,检验两个信号是否正交的一种有效方式,就是评估彼此之间的相关性。

去掉式(1-4)中的标准差,就是协方差的计算公式(1-5),用来计算信号间的相似程度:

$$\mathrm{Cov}(x,y)=\frac{1}{N-1}\sum_{n=1}^{N}(x_n-\mu_x)(y_n-\mu_y)=\frac{1}{N-1}\bar{x}\cdot\bar{y} \tag{1-5}$$

再回到最初的问题:如何将真实信号与已知特性的参考信号进行比对?

首先需要选取一组熟悉且简单的参考信号。前文所述的"正交"概念非常重要。正交信号的一个重要特征就是彼此之间的相关程度为零,当彼此正交的信号进行相加组合时,不会产生相互作用。如果选取的参考信号是一组相互正交的信号,则真实信号在某一个参考信号中的投影,不会再次投影到另一个信号中去。这样,就可以将一个复杂的信号转换为一组参考信号的组合形式。这组参考信号就称为"基函数",满足正交特性基函数的集合,称为"正交集"。正交集中两个不同基函数向量的点积为零,即:

$$\int_{-\infty}^{+\infty}x(t)y(t)\mathrm{d}t=0,\quad 或者\quad \sum_{n=1}^{N}x(n)y(n)=0 \tag{1-6}$$

最常见的基函数就是傅里叶变换中的正弦函数。很容易证明,不同频率($f=mf_0$)的基函数 $\cos(2\pi mf_0t+\theta_m)$ 是彼此正交的。一个零均值、周期性的信号 $x(t)$ 可表达成一系列不同频率正弦信号的加权组合形式:

$$x(t) = \sum_{m=1}^{M} C_m \cos(2\pi m f_0 t + \theta_m) \tag{1-7}$$

如图 1-7 所示,由于对正弦信号的特性更熟悉,将原始信号转换为 3 路正弦信号的组合的表达方式更容易理解,信号中的周期性特征也更加显著。

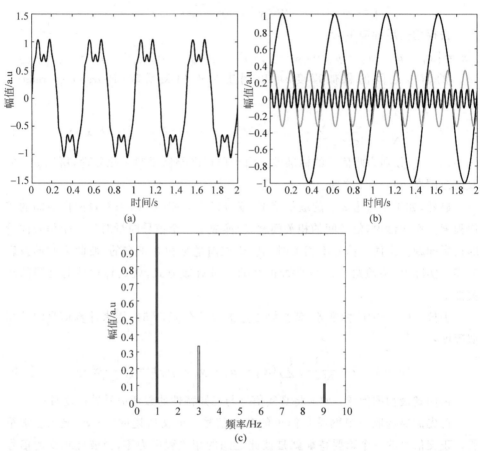

图 1-7　信号的傅里叶分解

(a) 原始信号;(b) 分解为 3 路信号的组合;(c) 3 路信号的幅值

图 1-8 给出了含有噪声的例子。原始信号为:

$$s(t) = 2\sin(16\pi t) + 1.5\sin(30\pi t) + 0.5\sin(60\pi t) + n(t)$$

其中 $n(t)$ 为高斯噪声。将原始信号与单频率正弦信号 $x(t) = \sin(2\pi f_i t)$ 进行相关计算。当 f_i 的取值由低到高线性增加时,计算得到的相关系数,反映出了信号中的各主要频率成分。显然,从傅里叶分解后的结果中,更容易看到原始信号中的周期性信号成分。

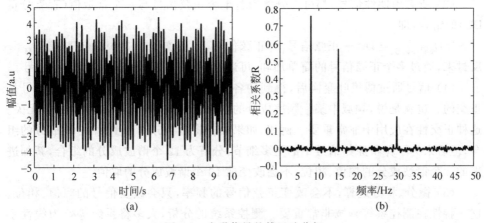

图 1-8　含噪信号的傅里叶分解

（a）原始信号；（b）相关系数与频率的关系

1.4　信号的频域表达

将时域信号转换为频域信号（频谱），最明显的好处就是更容易表达，也更容易理解。如图 1-8 中所示的情形，需要用很长一段曲线表示的时域信号，变换到频域后仅有 3 个频率点处有值。频谱曲线中出现的峰值，表示信号中在该频率处有更多的能量，因此分析起来也更加方便。比如发动机的振动信号，频谱曲线中的峰值往往是与发动机内部运动部件的工作状况（如转速）相对应的。通过对一些关键峰值频率的分析，就可得到发动机运行状态的信息。此外，对于系统的分析来说，频域的分析可以给出指定频率的信号通过系统后幅值、相位的改变情况，从而展示系统如何改变信号中的每个频率分量，因此分析结果也更加直观。

在 1.3 节中，用向量投影的概念来说明信号的傅里叶分解，只是一种比较容易理解的介绍方式。实际上，这种变换很容易借助计算机实现，并且是可逆的：既可以从时域变换到频域，又可以从频域逆变换回到时域。在整个过程中，仅需要遵循数学规律即可。因此，这种将信号变换思想的重要意义在于，不仅为信号特性的观测与分析提供了另外一个方式，还可因变换到新"域"中的信号更简单、更容易处理，从而为信号处理提供了一种效率更高的手段。从这一角度来看，其他的信号变换方式，如希尔伯特变换、小波变换等，与傅里叶变换的作用是相似的。只不过由于正弦信号的特殊性，傅里叶变换的应用范围更广。

正弦信号的突出优势体现在以下 5 个方面。

（1）正弦信号是"纯净的"信号，仅在单一频率上有能量。

（2）正弦信号非常容易表达。仅仅需要 3 个参数，即幅值、相位、频率，如果频率固定，则只需要幅值、相位等 2 个参数，用一个复数即可完整表达一个正弦信号。

(3) 所有周期性信号,都可以分解为若干个正弦信号与一个常数值(直流分量 DC)的组合,即

$$x(t)_{周期性信号} = DC + 正弦信号_1 + 正弦信号_2 + 正弦信号_3 + \cdots + 正弦信号_M$$

反过来,通过多个正弦信号的简单加和,可以很容易构造出所需的周期性信号。

(4) 信号通过傅里叶变换后,得到的各个频率成分(谐波)对应的正弦信号是正交的。也就是说,频域中某一频率成分的幅值、相位取值,与其他频率成分无关。这种正交性在应用中非常重要。例如,如果最初将信号分解为 10 个谐波成分的组合,但后来为了保留原始信号中的更多细节,分解为 12 个谐波成分的组合,新加进来的 2 个谐波成分的幅值、相位,不会改变前 10 个谐波成分的取值。

(5) 微分、积分运算,不会改变正弦信号的频率,只会改变信号的幅值、相位。这一特性在测控系统领域非常重要。测控系统的分析,大多将系统等效为线性系统。正弦信号通过线性系统后,幅值、相位会有所改变,但输出的信号依然是频率不变的"干净"正弦信号。反过来说,如果一路正弦信号通过某系统后变得不是那么"干净",则该系统中一定存在非线性的环节。

上述特性(2)和(3)构成了傅里叶变换的基础:既可以将任意周期性信号转换到频域,称为傅里叶变换,也可以反过来,将信号从频域转换到时域,称为逆傅里叶变换。将周期性时域信号变换为一系列正弦信号之和,在频域中用幅值、相位的方式表达每路正弦信号,即得到信号的频域表达方式,如图 1-9 所示。只要选用了足够多的正弦分量,信号的频域表达就会与时域表达完全等效。需要指出的是,在时域中用一幅图表达的信号,在频域中需要用两幅图("幅值+相位"或"实部+虚部")表达。

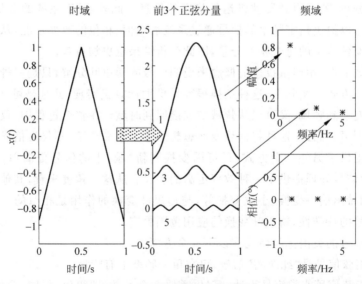

图 1-9 时域到频域的转换示意

　　如果按照 1.3.2 节所述的向量投影原理,需要计算向量的相关性才能得到图 1-9 所示的转换结果。傅里叶级数则为这一转换提供了高效率的数学工具,即式(1-8)。

$$x(t) = \frac{a_0}{2} + \sum_{m=1}^{\infty} a_m \cos(2\pi m f_1 t) + \sum_{m=1}^{\infty} b_m \sin(2\pi m f_1 t) \tag{1-8}$$

注意,相位是隐含在系数 a_m、b_m 中的,即 $a_m = C_m \cos\theta_m$,$b_m = C_m \sin\theta_m$。系数 a_m、b_m 则可以直接由下式计算得到:

$$a_m = \frac{2}{T} \int_0^T x(t) \cos(2\pi m f_1 t) \mathrm{d}t, \quad m = 1, 2, 3, \cdots \tag{1-9}$$

$$b_m = \frac{2}{T} \int_0^T x(t) \sin(2\pi m f_1 t) \mathrm{d}t, \quad m = 1, 2, 3, \cdots \tag{1-10}$$

其中,$f_1 = 1/T$ 为信号的基础频率(基频)。

　　不难发现,上面两式所计算的,实际上就是时域信号 $x(t)$ 与正弦信号的相关性!

　　真实的信号往往包含很多个频率分量,但一般仅数个频率分量有实际意义。由这些频率分量重构(逆傅里叶变换)出时域信号,所得到的时域信号往往会与原始信号有所不同,即出现图 1-10 所示的"吉布斯现象"(Gibbs phenomenon)。方波信号中所包含的谐波成分(即信号中的频率分量)有无数个,仅选取 N 个谐波分量进行时域信号的重构,则会出现图中的"振荡"现象。增大 N,即多加上几个谐波成分,可以改善,但不可能完全消除这种振荡。

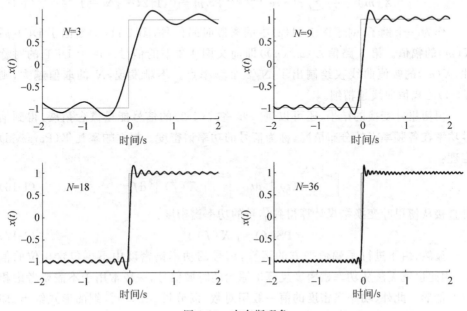

图 1-10　吉布斯现象

借助欧拉公式 $e^{\pm jx} = \cos x \pm j\sin x$，可得到傅里叶变换的复数表达形式：

$$X_m = \frac{1}{T}\int_0^T x(t)e^{-j2\pi mf_1 t}dt, \quad m = 0, \pm 1, \pm 2, \pm 3, \cdots \tag{1-11}$$

由 X_m 的实部与虚部，可计算得到式(1-11)中的系数 a_m、b_m：

$$a_m = 2\mathrm{Re}(X_m), \quad b_m = 2\mathrm{Im}(X_m) \tag{1-12}$$

信号的幅值 $|X_m|$ 及相角 θ_m（$\mathrm{Re}(X_m)$、$\mathrm{Im}(X_m)$ 分别为 X_m 的实部与虚部）：

$$|X_m| = \sqrt{\mathrm{Re}(X_m)^2 + \mathrm{Im}(X_m)^2}, \quad \theta_m = \arctan\left(\frac{\mathrm{Im}(X_m)}{\mathrm{Re}(X_m)}\right) \tag{1-13}$$

当原始信号为非周期的连续信号时（严格意义上讲，绝大部分信号都不是周期信号），公式(1-11)中的 $T \to \infty$，$f_1 = 1/T \to 0$，但由于 $m \to \infty$，mf_1 并不会趋于 0，而是成为一个连续的变量。定义 $mf_1 = f$，即得到常见形式的傅里叶变换公式：

$$\lim_{T \to \infty} X_m = \int_0^T x(t)e^{-j2\pi mf_1 t}dt = \int_{-\infty}^{+\infty} x(t)e^{-j2\pi ft}dt$$

$$X(f) = \int_{-\infty}^{+\infty} x(t)e^{-j2\pi ft}dt \quad 或者 \quad X(\omega) = \int_{-\infty}^{+\infty} x(t)e^{-j\omega t}dt \tag{1-14}$$

计算机中只能处理离散时间信号，假定采用等时间间隔 $\Delta t = 1/f_s$ 取值，则时间变量 $t = n \cdot \Delta t = \dfrac{n}{f_s}$，信号周期 $T = \dfrac{N}{f_s}$，分解后的正弦信号对应的频率 $f = mf_1 = \dfrac{mf_s}{N} = \dfrac{m}{T}$，傅里叶变换的离散形式（即离散傅里叶变换 DFT）为：

$$X(m) = \frac{1}{N}\sum_{n=0}^{N-1} x(n)e^{-j2\pi mn/N}, \quad m = 0, 1, 2, \cdots, N-1 \tag{1-15}$$

作为一个例子，对于图 1-11(a)中的离散时间信号，图 1-11(b)给出了 DFT 后 $X(m)$ 的幅值。第 5 路信号（$x_5(n)$）即前文图 1-8 中的信号。由于 DFT 的对称性，$X(m)$ 的幅值曲线仅绘制出了 $N/2$ 个频率点。不难发现，N 的取值越大，则 $X(m)$ 的幅值曲线越精细。

由傅里叶变换的结果，还可以进一步将式(1-2)的信号能量概念拓展，得到信号功率在各频率点的分布情况，称为信号的功率谱密度。根据帕塞瓦尔（Parseval）定理：

$$\int_{-\infty}^{+\infty} |x(t)|^2 dt = \int_{-\infty}^{+\infty} |X(f)|^2 df \tag{1-16}$$

可直接从傅里叶变换结果计算得到信号的功率谱密度：

$$\mathrm{PS}(f) = |X(f)|^2 \tag{1-17}$$

显然，由于进行了幅值平方的运算，信号的功率谱密度中不再包含相位的信息，因此也就无法从功率谱密度反算出原始的时域信号，一般常用于不需要考虑相位的情形。此外，功率谱密度的值一般用对数，以分贝（dB）为量纲的形式给出，即 $PSD = 10\log_{10}(PS)$，如图 1-12 所示。

从图 1-11 及 1-12 中可以归纳出信号的时域、频域表达方式的区别如下。

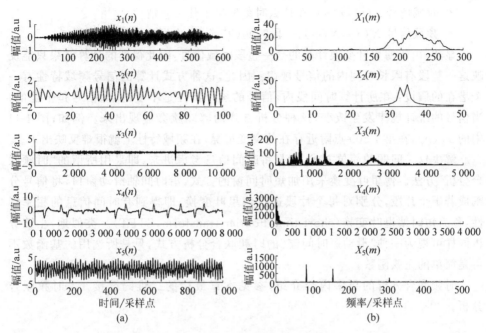

图 1-11　离散时间信号及其 DFT

（a）离散时间信号；（b）离散时间信号的 DFT

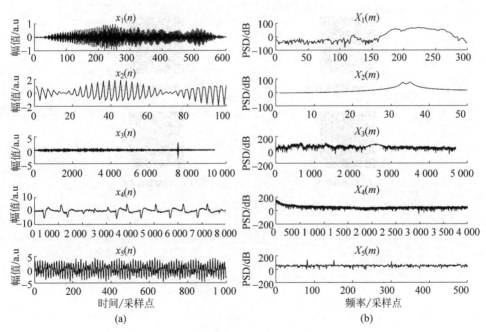

图 1-12　离散时间信号及其功率谱密度

（a）离散时间信号；（b）信号的功率谱密度

- 时域信号 $x(t), x(n)$，在什么时刻发生了什么事情。
- 频域信号 $X(f), X(m)$，一段时间（T 或 N）内发生了什么事情。

显然，由于傅里叶变换计算的是一整段时域信号，因此得到的计算结果只能反映这一整段有限长时间内的信号规律。因此，这种方式计算的信号频域特性有一个潜在的假设：在所计算时间段内，信号的统计特性是不变的，即信号是平稳的；当信号的统计规律发生改变，这种分析方式的弊端就会显现出来。例如，图 1-11 中的 $x_3(n)$，在第 7 500 点附近存在的突变情况，在频域特性上就很难反映出来。

解决这一问题的简单方式，就是将时间信息考虑进来，即采用所谓的"时频联合分析"方法。傅里叶变换采用加短时间窗的方式，沿时间轴滑动窗口，将信号分割成若干个片段，分别对每个片段进行傅里叶变换，即得到有时间信息的频率特性，称为短时傅里叶变换（short time Fourier transform，STFT）。类似地，小波分析同样可视为一种"滑动短时间窗"的时频联合分析方式，只是所选用的基函数不再是简单的正弦函数。

时频联合分析的更多内容介绍，参见本章最后的二维码链接 1-4 时频联合分析。

本章相关链接

1-1   *SNR* 的常见数值

1-2   系统内部的常见噪声源

1-3   噪声的颜色

1-4   时频联合分析

第2章

传感器与测量系统

  测量系统的应用可分为三方面。一是用于检测。即获取待测对象某一物理/化学参量的测量值,比如长度、体积、气体含量等。二是用于待测对象的状态监测。如通过长时间连续获取发动机的振动信号,以得到关于发动机运行工况的信息。三是用于反馈控制。如通过对室内温度的测量,为空调的运行提供反馈控制信息,以保证室内温度稳定在理想温度值附近。

  测量系统通过信号来获取关于待测对象的信息。如果该信号完全是由待测对象自身产生的,测量系统只是被动地接收这种信号,则称为被动式测量。反之,如果由测量系统生成某种输入信号,施加于待测对象上,然后测量得到待测对象的响应信号,通过比对待测对象的响应信号与输入信号之间的关系,来获取某参量的测量结果,则称为主动式测量。因此,测量可看作是一种信号的"加工"过程。即使是被动式测量,信号从待测对象耦合到测量系统,以及在测量系统内部的传递过程,同样存在着各种形式的信号调制加工环节。信号通过线性非时变系统后,其时域、频域特性均不会发生影响测量结果的"畸变"。因此,作为一种理想化的、但非常实用的假设模型,线性非时变系统是测量系统中最为重要的基本概念;另一方面,传感器与测量系统的非理想特性,则往往是由不满足线性非时变假设导致的。

2.1 信号通过线性非时变系统

  线性,简单理解就是"系统输出信号与输入信号之间的比例关系"。输入到线性系统中的信号幅值增大一倍,则输出信号的幅值也会增大一倍。

  如果某系统是线性的,假定系统输入输出信号之间的数学关系为 $y(t) = f(x(t))$,函数 $f(\cdot)$ 为线性函数,则有:

$$ky(t) = f(kx(t)) \tag{2-1}$$

其中,k 为常数。如果输入两路时域信号 $x_1(t)$、$x_2(t)$,则有:

$$f(x_1(t)) + f(x_2(t)) = f(x_1(t) + x_2(t)) \tag{2-2}$$

  上述两公式就是线性系统的基本定义。实际的测量系统中,经常包含有微分

与积分环节。如果系统本身是线性的,这种环节同样满足线性关系。即:

若 $y = f(x)$, $z = \dfrac{\mathrm{d}f(x)}{\mathrm{d}x}$, 则 $\dfrac{\mathrm{d}f(kx)}{\mathrm{d}x} = k \dfrac{\mathrm{d}f(x)}{\mathrm{d}x} = kz$

类似地,若 $y = f(x)$, $z = \displaystyle\int f(x)\mathrm{d}x$, 则 $\displaystyle\int f(kx)\mathrm{d}x = k\int f(x)\mathrm{d}x = kz$

非时变是测量领域的另一个重要概念,即"系统的特性不会随时间改变"。系统的特性当然是会随时间变化的,否则很多时候就没有必要进行测量了。所以,测量系统中的非时变,一般是指在完成一次测量的过程中,系统的特性不会随时间发生改变。在数学上,非时变定义为:

如果系统输入输出信号之间满足线性关系,$y(t) = f(x(t))$,则非时变线性系统满足输入输出信号之间的数学关系为 $y(t-T) = f(x(t-T))$。

因此,线性非时变系统(linear time-invariant system,LTI)有两个基本假设:一个是系统对所有输入信号的响应是线性的;另一个是系统的基本特性不会随时间发生改变。

理想的测量,应该能够找到系统对任意输入信号的输出响应信号。为达到这一目标,最简单实用的方式还是分解信号。对于时域信号而言,将信号分割成一个个的小片段,再分析系统是如何响应这些小片段的。为得到输出信号,再设法将这些小片段的响应信号组合起来。可以想象一下,如果系统是线性非时变的,则这种组合就是简单的叠加运算。

当信号分割的小片段持续时间足够短,即得到如图 2-1 所示的冲激信号 $\delta(t)$:幅值 $\to +\infty$,面积 $=1$。即:$t \neq 0$ 时,$\delta(t) = 0$, $\displaystyle\int_{-\infty}^{+\infty} \delta(t)\mathrm{d}t = 1$。

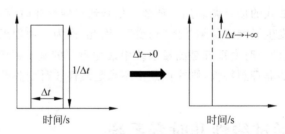

图 2-1 冲激信号

任意信号 $x(t)$ 可视为 $\delta(t)$ 的线性组合,即:

$$x(t) = \int_{-\infty}^{+\infty} x(\tau)\delta(\tau - t)\mathrm{d}\tau \tag{2-3}$$

离散时间信号的表达方式,或许更容易理解一些:

$$x(n) = \sum_{-\infty}^{+\infty} x(k)\delta(n-k), \quad \text{其中,} \delta(n) = \begin{cases} 1, & n=0 \\ 0, & n \neq 0 \end{cases} \tag{2-4}$$

图 2-2 给出的线性非时变系统的响应特性,构成了系统分析的基础。如果用 $T(\cdot)$ 表示某系统对输入信号的"加工"作用,冲击函数通过系统后得到的响应信

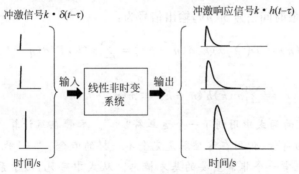

图 2-2　线性非时变系统的冲激响应

号 $h(t)=T(\delta(t))$，称为冲激响应信号。如果系统为线性非时变系统，则 $h(t)$ 的形状与冲激信号的幅值、施加 $\delta(t)$ 的具体时刻无关，因此，可以作为系统时域特性的一种有效表达方式。

既然输入信号可以等效为一系列冲激函数的组合，输出信号自然也就可以用一系列冲激响应函数的组合来表达。如图 2-3 及图 2-4 所示，对于式(2-3)所示的连续时间信号 $x(t)$，系统的输出信号为：

$$y(t)=T\left(\int_{-\infty}^{+\infty}x(\tau)\delta(\tau-t)\mathrm{d}\tau\right)=\int_{-\infty}^{+\infty}x(\tau)T(\delta(t-\tau))\mathrm{d}\tau$$

$$=\int_{-\infty}^{+\infty}x(\tau)h(t-\tau)\mathrm{d}\tau\equiv x(t)*h(t) \tag{2-5}$$

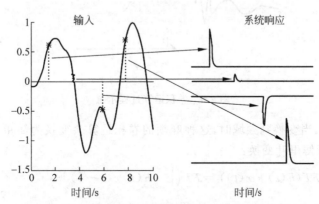

图 2-3　线性非时变系统的输出是冲激响应的组合

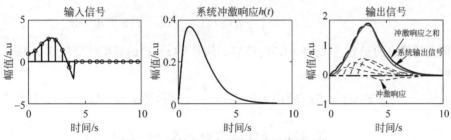

图 2-4　线性非时变系统的卷积原理示意

类似地,对于离散时间信号 $x(n)$,输出信号为:

$$y(n) = T\left(\sum_{-\infty}^{+\infty} x(k)\delta(n-k)\right) = \sum_{-\infty}^{+\infty} x(k)T(\delta(n-k))$$

$$= \sum_{-\infty}^{+\infty} x(k)h(n-k) \equiv x(n) * h(n) \tag{2-6}$$

注意:在上面两式中用到了一个运算符"$*$"。尽管在写计算机程序时"$*$"经常被用作乘法的符号,但用在这里则是完全不一样的概念。"$*$"代表的是卷积,是线性非时变系统中一个非常重要的基本概念。从式中可见,由于系统的输出是输入信号与每一时刻冲激响应函数的乘与累加,卷积运算要比乘积运算麻烦很多。由式(2-5),不难得到:

$$y(t) = \int_{-\infty}^{+\infty} h(\tau)x(t-\tau)\mathrm{d}\tau = h(t) * x(t) \tag{2-7}$$

图 2-5 展示了卷积运算的过程。$x(t)$最左端的信号最先进入系统,产生最初始的输出,因此存在一个将信号 $x(t)$ "反卷"的过程。

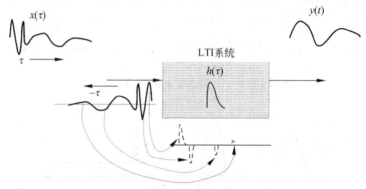

图 2-5　卷积运算过程示意

幸运的是,当变换到频域时,这种麻烦的卷积运算会变换为简单的乘积运算。对式(2-7)进行傅里叶变换:

$$\mathcal{FT}(h(t) * x(t)) = \mathcal{FT}\left(\int_{-\infty}^{+\infty} h(\tau)x(t-\tau)\mathrm{d}\tau\right)$$

$$= \int_{-\infty}^{+\infty}\left(\int_{-\infty}^{+\infty} h(\tau)x(t-\tau)\mathrm{d}\tau\right)\mathrm{e}^{-\mathrm{j}\omega t}\,\mathrm{d}t$$

$$= \int_{-\infty}^{+\infty} h(\tau)\left(\int_{-\infty}^{+\infty} x(t-\tau)\mathrm{e}^{-\mathrm{j}\omega t}\,\mathrm{d}t\right)\mathrm{d}\tau$$

右侧方括号内的积分,就是将 $x(t)$时移后的信号 $x(t-\tau)$的傅里叶变换 $X(\omega)\mathrm{e}^{-\mathrm{j}\omega\tau}$,因此

$$Y(\omega) = \mathcal{FT}(h(t) * x(t)) = \int_{-\infty}^{+\infty} h(\tau)X(\omega)\mathrm{e}^{-\mathrm{j}\omega\tau}\,\mathrm{d}\tau$$

$$= X(\omega)\int_{-\infty}^{+\infty} h(\tau)\mathrm{e}^{-\mathrm{j}\omega\tau}\,\mathrm{d}\tau = X(\omega)H(\omega) \tag{2-8}$$

　　显然,在频域中分析系统特性,要比时域更容易一些。相应地,时域中的冲激响应函数 $h(t)$ 也变换为频域中的 $H(\omega)$,称为系统的传递函数。

　　回顾一下 1.4 节中正弦信号的特性(4)与特性(5)。如果能够采用单频率正弦信号进行扫描测量,得到逐个频率点处的 $X(\omega)$ 及 $Y(\omega)$,即可直接由 $H(\omega) = Y(\omega)/X(\omega)$ 得到系统的传递函数,这也是正弦信号在测控系统中如此重要的原因之一。

　　有意思的是,这种"卷积—乘积"的变换特性,反过来也是成立的。如果两路信号在频域中为卷积,在时域中同样会变换为简单的乘积运算。

$$X_1(\omega) * X_2(\omega) \leftrightarrow x_1(t) \cdot x_2(t) \tag{2-9}$$

2.2　测量系统的基本组成

　　测量系统的作用,在于提供某一物理/化学参量的测量值。因此,只要能够对作用于其上的未知变量给出读数或信号的装置,都可视为一种测量系统。简单的测量系统可以由单个元件组成,比如生活中常见的水银/酒精温度计。更多的测量系统是由多个分立元器件共同组成的。图 2-6 中所示的测量系统,基本上包括了现代测量系统的组成单元。需要注意的是,图 2-6 只是一种原理性质的示意图。在实际测量系统中的功能单元可能有所不同。每个功能单元可能分布于多个组件中,也可能由单个组件实现多个功能框的功能组合。测量系统可能集成在仪器箱内甚至单个芯片上,也可能是由物理空间上分隔很远的多个组件一起组成的。

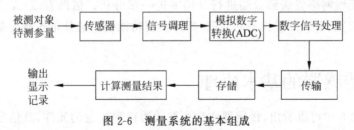

图 2-6　测量系统的基本组成

　　传感器是直接感受待测量的元件,待测参量对传感器施加影响,因此传感器的输出是待测参量的函数。如前所述,线性非时变系统在测量中占有非常重要的地位,绝大部分传感器的这一函数特性是线性的。

　　传感器的原始输出信号形式、幅值变化范围等可能无法满足后续测量系统的要求,加之现场环境影响而产生噪声等非理想因素的存在,需要通过信号调理环节进行调整。绝大部分信号调理是由模拟电路实现的。比如,如果原始输出是电流信号,则需要通过电流电压转换,变成电压信号。如果原始信号的幅值变化范围很小(如 mV 量级),则需要进行模拟放大。对于信号中的噪声,则可以采用模拟滤波器进行滤波处理。

ADC 即模拟数字转换(analog to digital conversion),是将模拟信号转换为计算机可以识别的数字信号。信号通过 ADC 后,就进入到以数字运算为特征的计算机处理系统中。数字信号在时间上是离散的数值序列 $s(n)$,因此也称为时间序列。

ADC 的作用是将模拟信号转换为数据(data),因此也常被称作数据获取(data acquisition,DAQ)系统。DAQ 也有另外一种说法:由于待测信号本身也是模拟信号,DAQ 本身应该包括从传感器到 ADC 的全部环节。

数字信号处理可实现的功能非常多。最常见的数字信号处理就是数字滤波。通过对时间序列进行运算,滤除掉原始信号中不感兴趣的成分。需要指出的是,不能简单用数字滤波器替代信号调理环节的模拟滤波器。信号调理环节的滤波器是由模拟电路实现的,重在提升进入 ADC 之前模拟信号的品质。数字滤波器则可认为是一种"事后补偿"的方案,将 ADC 之后的时间序列中包含有效信息的成分尽可能凸显出来。如果进入 ADC 之前的模拟信号本身就不含有效信息,则数字滤波也无能为力。此外,在后面的章节中还会讲到,如果模拟信号中的频率成分不能满足 ADC 的要求,所出现的"混叠"效应会直接导致虚假信息的出现。

信号传输、存储、测量结果的计算等功能,可能的实现方式更多。单一功能的测量仪器会直接在本地实现,比如实验室中常用的万用表。伴随互联网技术的进步,将本地处理后的数据,甚至是采集到的原始数字信号传输到远程(云端)进行计算或存储,成为测量系统的一种重要实现方式。比如,借助智能手机或其他移动式智能终端设备采集到的人体运动信号,既可以在手机端进行处理得到计算结果,也可以借助无线网络发送到云端进行存储或进一步分析。借助有线/无线网络实现多个测量位置、多台测量设备的互联,则可实现功能复杂的分布式测量系统。

2.3　传感器的基本原理

从图 2-6 中可以看出,传感器作为直接敏感待测参量的元件,其信号转换性能直接决定了测量系统的性能。

传感器可简单定义为:接收某信号或刺激,并做出响应的器件。这是一种非常容易理解但偏于宽泛的说法。图 2-7 是在控制系统教材中常见的一个场景。操作员小明(一个耳熟能详的名字)通过控制阀门开度,控制箱体内液位。

现在从测量的角度来看这样一个系统。小明必须及时获得箱内液位的数值,才能合理地调整阀门开度。液位数值来自两个元件的共同作用:箱体侧面的液位观察管与小明的眼睛。液位观察管本身不是传感器,眼睛也不是传感器,两个元件的组合才构成了对液位这一参量具有选择敏感性的传感器。观察管上需要标记出刻度线,小明才能读出液位的数值。刻度线的精细程度,决定了读出液位数值的精准程度。小明的姿势不变,即眼睛的位置固定不变,则小明的视线与观察管中液面

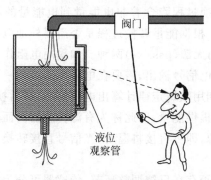

图 2-7　液位控制系统

之间的角度,也会对读数结果产生影响。在刻线范围内,由于视线的影响,不同液位的读出值与真实值之间的偏差,应该是不一样的。刻线范围越宽,这种视线的影响越显著,读数的偏差也就越大。因此,刻线的范围不需要太宽,只要能满足要求就可以了。刻线的范围就是传感器的量程。当然,小明也可以根据具体的液位位置,适当调整眼睛的位置,保持视线与液面持平,读数的精准程度会更高。

　　如果观察管本身设计得当,可以非常迅速地反映液位的变化,则传感器具有快速的响应特性。如果管的内径太小,而箱内的流体黏度又很大(比如黏稠的油),则管中的液位可能会落后于箱中的液位。这种时间上的延迟就是传感器的响应特性。

　　进一步考虑更复杂的情形。箱体与阀门距离较远,由小华(又一个熟悉的名字)观察液位,读出液位数值后,将结果告诉小明,小明再去调节阀门。小华与小明之间需要用大家都能听懂的语言进行交流。小华与小明之间的信息传递界面,就是测量系统中的接口。而沟通用的语言及表达方式,需要事先协商好,称为协议。

　　液位观察管与人的眼睛共同构成了传感器。视神经将眼睛观察到的信号转换为生理电信号,传递给大脑,由后者计算出液位的读出数值。因此,传统形式的传感器定义为:将待测量的物理/化学参量转换为电信号的器件。液位观察管本身不能实现这种转换,但又是直接敏感液位的关键元件,称为敏感元件。

　　实际上,由于集成电路与以单片机为代表的嵌入式系统的广泛使用,在物理上已经很难清晰区分传感器与测量系统的边界。因此,将待测量的物理/化学参量转换为更容易处理的信号的器件,可能是更为容易接受的传感器定义。按照这样的定义,传感器可以仅由液位观察管与眼睛组成,输出是视神经的电信号;也可以由液位观察管与小华组成,输出则是小华给出的测量数值;甚至由液位观察管、小华和小明共同组成,输出则是小明计算出的阀门开度。显然,后两种情形中,传感器就相当于数据获取系统。

　　绝大多数的传感器还是采用了传统的定义形式:将非电量的信号转换为电信号。因此,在传感器这一概念出现之前,是用"非电量的电测量"来表述这一器件功能的。由于这种信号转换过程隐含着非电能量到电能量的能量转换,因此也称为"换能器"(transducer)。根据能量转换过程是否需要外加电源提供辅助能量,传感器可分为有源(active)与无源(passive)两种。如采用电阻作为敏感元件测量温度,电阻本身不能直接提供电信号输出,需要在电阻两端施加一个电流信号,测量出电阻两端的电压信号,再利用欧姆定律计算出电阻值后,最后换算出温度值。施加的电流信号需要外加电源提供能量,因此称为有源传感器。而热电偶、光电池等敏感元件,则不需要外加电源,即可直接将温度、光信号直接转换为电信号,称为无源传感器。

根据测量过程中是否存在反馈调整环节,传感器可分为偏转型与零示型两种。大部分传感器都属于偏转型。比如图 2-7 中的液位传感器,直接从观察管中的液位刻度得到测量结果。零示型传感器则在测量过程中加入了反馈调试环节。小明根据液位位置调整自己的视线,如果将最佳观察的视线角度作为输出信号,就是一种零示型传感器。显然,如果能准确测量视线角度,这种测量方式的准确程度要比偏转型高。市场上常见的电子秤与化学实验室中的电子天平就是实际应用中的例子。电子秤中的称重传感器就是偏转型的,而电子天平则是以零示型方式工作。

模拟传感器与数字传感器,是传感器的另一种分类方式。为方便与后续信号处理电路的连接,许多模拟传感器给出的是标准范围的电压输出信号。如工业应用中常见的压力传感器,具有标准电压输出(如 0~5 V)的压力传感器常被称为压力变送器。物理世界的信号是模拟的,绝大部分数字传感器是将转换后的模拟电信号进一步处理成了数字信号形式,可以认为是一种集成化的数据获取系统。数字传感器的输出也不完全是严格意义上的数字信号,而是以方波脉冲形式输出的准数字信号,测量值调制于频率、周期或占空比中。随着数字电路进入传感器环节,越来越多的传感器给出了具有标准传输协议的数字接口,使用起来非常方便。由于输出信号是标准的,也可被称为是一种变送器。

智能传感器,是一种比较新的概念。简单理解就是传感器中加入了以微处理器为核心的嵌入式系统,可在传感器内部完成信号的部分处理及分析功能。微处理器的计算能力日益强大,嵌入式系统可实现的功能也越来越多。与同样可能内部集成微处理器的数字传感器相比,智能传感器的突出优势在于"能够记忆历史数据"。如图 2-7 所示的小华,不仅可以给出当前的读数,还对曾经出现过的液位数据有记忆能力。因此,如果当前的液位读数突然出现一个不合理的跳变,则可以根据自己的记忆做出调整。

2.4　传感器与测量系统的基本特性

如 2.3 节所述,传感器与测量系统的物理或功能边界非常模糊,从测量希望达到的目标来看,对传感器与测量系统基本特性的要求,基本上是相同的。

在图 2-7 的例子中,小明工作的效果取决于两方面的因素。一是能否准确读出液位的数值;二是能否对液位的变化及时做出反应。前者对传感器的要求与时间无关,称为静态特性;后者则与时间有关,比如观察管内径过小导致液位显示延迟的现象,称为动态特性。

如果房间里放置一只温度计,读数显示温度为 20℃。真实温度是 19.5℃还是 20.5℃并不是很重要。温度的这种微小变化不至于影响人体的感觉,因此一个不准确度为 0.5℃的温度计就可以满足要求。然而,如果是测量体温,36.5℃与 37.5℃代表了完全不同的身体状况,0.5℃的测量误差就完全不能满足要求。

因此,针对具体应用选择传感器时,测量精度是重要的考虑因素。其他参数如灵敏度、线性度等,则是进一步考虑的因素。在产品的数据表中会给出传感器的静态特性参数。需要注意的是,数据表给出的数据一般是在规定条件下的测试结果,真正的应用必须适当考虑在现场环境中可能发生的改变。

1. 量程

量程是在传感器选型中最先需要考虑的指标,也是可得到满意测量结果的最大输入值的变动范围。超出量程范围时,传感器的输出值也可能会随输入量的变化有相应的改变,但无法保证输出值与输入值之间的对应关系。在英文中,量程有两个单词,range 和 span。常规的用法是,range 用来给出输入值的最大最小值,span 则是指最大最小值之差,即测量范围的跨度。比如某温度传感器的 range 是 $-20℃\sim+80℃$,则其 span 是$+80℃-(-20℃)=100℃$。

与量程有关的还有一个术语,叫作量程比(turndown ratio),常见于流量测量领域。比如,流量计数据表中,$0\sim10\ m^2/min$ 的量程标注,与 $0.1\sim10\ m^2/min$ 是不一样的。前者强调的是适用的流量测量范围,即可以测量 $0\sim10\ m^2/min$ 的流量,而后者则是给出了可测量的最低流量,量程比=$10/0.1=100$。仅仅从 $0\sim 10\ m^2/min$ 的量程标注中,无法知道这种流量计最低可以测量到多小的流量。$0.1\sim10\ m^2/min$ 与 $0.2\sim10\ m^2/min$ 的流量计,可能其他参数都相差不大,但前者的量程比是后者的 2 倍,技术水平也更高一些。

2. 精度与不确定度

精度是指测量得到的值与实际参量的真实值之间彼此一致的程度。现实中,当提到精度这一指标时,很多时候所说的实际上是一种“不精确度”,即测量值与真实值之间存在偏差的程度。例如,某压力传感器数据表中给出的精度指标为±1% F.S(F.S 是满量程 full scale 的缩写),如果满量程为 $0\sim10$ MPa,则意味着使用该传感器时得到的任何读数,与真实压力值之间可能存在±1%F.S=0.1 MPa 的偏差。如果当前的读数为 1.0 MPa,则真实数值有 95%的可能性会出现在(1.0± 0.1)MPa 的范围内。这里的 95%称为置信度,对应高斯分布中±2σ(注意不是数学中常见的±3σ)的区间范围。这种“不精确度”。指标的专业术语称为“不确定度”。不确定度用来替代“精度”这一指标的呼声已经持续了许多年,在标准检定部门给出的指标中,也大多采用了不确定度的说法。但实践中依然以精度的说法为多。

需要指出的是,在上面的例子中,读数为 1.0 MPa 时,可能的测量误差是 0.1 MPa,是该读数的 10%!因此,如果预期测量的压力值在 0～1 MPa 之间,0～10 MPa 量程范围的传感器就不是一个合理的选择。

讲述精度这一概念时,在许多教科书中都会出现图 2-8 所示的"打靶图"。靶心是真实值,图中的"弹着点"则是测量值。

精密度这一术语是用来描述测量结果受随机测量因素影响的程度。如果传感器或测量系统的精密度足够高,重复测量得到的读数会集中于一个非常窄的范围内,但这一范围未必包括真实值,如图 2-8(b)所示。实践中,由于传感器及测量系统的性能很可能随时间发生改变,会出现高精度测量系统得到低精度测量结果的现象,往往采用定期重新校准的方式消除这种偏差。

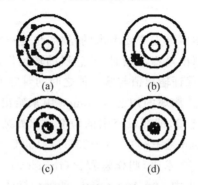

图 2-8　精密度与精确度

(a) 既不精确又不精密;(b) 精密但不精确;(c) 精确但不精密;(d) 精确且精密

在测量仪器中经常出现的两个指标,重复性(repeatability)与重现性(reproducibility)是与精密度含义类似的两个术语。重复性是指在短时间内,采用相同的测量条件、相同的仪器、相同的测量地点、相同的操作员,对同一对象进行多次重复测量得出读数的一致性。重现性则是描述当操作员、测量仪器、测量环境、测量时间发生改变时,对同一测量对象进行多次测量得出读数的一致性。简单来说,重复性测量过程中,所有测量条件都是相同的,由同一人连续不断地做完全部测试。重现性测量则不同,除了测量方法与测量对象,其他测量条件都是不同的。

公差是另一个与精度密切相关的术语,用来描述某个参数值可能出现的最大偏差。尽管严格来说,公差并不是测量系统的静态特性,但某些时候测量系统的精度指标会被标记成公差的形式。公差表示制造出来的零部件参数与指定值的最大偏差。例如,曲轴的加工直径公差会标记为若干微米。电阻的公差标记为 5%,意味着从标称值为 1 000 Ω 的产品批次中随机选出的某一电阻器,其实际值可能介于 950～1 050 Ω 之间。

3. 线性度、滞后与重复性

传感器的精度指标,通常借助线性度 δ_L、滞后 δ_H 及重复性 δ_R 等三项指标进行评定。线性度也称非线性误差,反映传感器输入输出特性曲线的非线性情况。滞后有时也称为迟滞或回差,反映输入量由低到高变化(正行程)与由高到低变化(反行程)的过程中,传感器的输出变化曲线不一致的情况。重复性则反映了相同测试条件下,传感器对同样大小输入量多次测量时,得到测量结果的不一致情况。

线性度、滞后及重复性三项指标的计算方式,参见本章最后的二维码链接 2-1 线性度、滞后及重复性三项指标的计算方式。

综合考虑线性度 δ_L、滞后 δ_H 及重复性 δ_R 三项指标,按下式计算出的结果,通常用作传感器的精度指标。

$$\delta = \sqrt{\delta_L^2 + \delta_H^2 + \delta_R^2} \tag{2-10}$$

显然,这样计算出来的结果,更接近于前文所述的精密度概念。

4. 阈值与分辨率

当输入量小到某一值时,会观察不到输出量的变化,这时的输入量称为阈值。显然,阈值这一概念,与机械系统中常见的"死区"现象很相似。滞后明显的传感器一般会有比较大的阈值,而一些没有明显滞后的传感器也同样可能有比较大的阈值。

分辨率是指在量程范围内,能够观察到输出量变化的、输入量的最小变化值。阈值与分辨率的具体说明如图 2-9 所示。

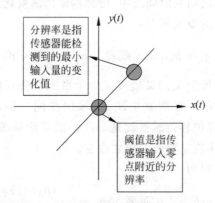

图 2-9　阈值与分辨率

阈值与分辨率指标是以输入量的值来度量的。因此,对输出信号进行放大无助于该性能指标的提高。提高测量系统的抗干扰性能,从而提高测量信号的信噪比,可有助于提高分辨率指标。然而,如果敏感元件本身的阈值与分辨率有限,则加大放大倍数即便会带来灵敏度的提高,却不会影响测量系统的阈值与分辨率。

5. 动态响应特性

顾名思义,传感器的动态响应特性,简称动态特性,反映了传感器对输入量快速变化的响应能力。与静态特性类似,对动态特性的测试也是在规定条件下进行的。因此,数据表中给出的数值也仅在规定的环境条件下适用。

线性非时变系统的输入输出特性,可以用微分方程表达:

$$a_n \frac{\mathrm{d}^n q_o}{\mathrm{d}t^n} + a_{n-1} \frac{\mathrm{d}^{n-1} q_o}{\mathrm{d}t^{n-1}} + \cdots + a_1 \frac{\mathrm{d}q_o}{\mathrm{d}t} + a_0 q_o$$

$$= b_m \frac{\mathrm{d}^m q_i}{\mathrm{d}t^m} + b_{m-1} \frac{\mathrm{d}^{m-1} q_i}{\mathrm{d}t^{m-1}} + \cdots + b_1 \frac{\mathrm{d}q_i}{\mathrm{d}t} + b_0 q_i \tag{2-11}$$

其中,q_i 为输入量,q_o 为输出量,$a_0 \sim a_n$、$b_0 \sim b_m$ 为常数。

这一公式在控制工程基础类教材中非常常见,也很容易让人望而生畏。好在大多数情况下没有这么复杂,比如,测量响应时间时,仅需考虑输入量发生阶跃性跳变的情形,上面的方程相应简化为:

$$a_n \frac{\mathrm{d}^n q_o}{\mathrm{d}t^n} + a_{n-1} \frac{\mathrm{d}^{n-1} q_o}{\mathrm{d}t^{n-1}} + \cdots + a_1 \frac{\mathrm{d}q_o}{\mathrm{d}t} + a_0 q_o = b_0 q_i \tag{2-12}$$

另外,大部分传感器的阶次较低,掌握 0~2 阶系统的时频域特性,基本上就可以满足动态特性分析的要求。

传感器的动态特性经常用阶跃响应方式进行评估,如图 2-10 所示。这种测试所得到的结果,描述了从输入量发生改变的时刻开始,到传感器的输出重新达到(或接近)稳定状态时刻之间的时间段中,传感器输出的变化过程。

零阶系统就是简单的放大环节:

$$a_0 q_o = b_0 q_i, \quad \text{或者} \quad q_o = \frac{b_0 q_i}{a_0} = K q_i \tag{2-13}$$

其中,K 为常数,即前文所定义的灵敏度。由于系统中没有惯性器件,零阶系统的响应速度最快,输入值在 t 时刻发生跳变,输出在同一时刻就会变化到新的值(图 2-10(a))。电位器式位移传感器就是最典型的零阶系统。电刷从一个位置滑动到新的位置,输出电压值立刻就会随之改变。

一阶系统的微分方程为:

$$a_1 \frac{\mathrm{d}q_o}{\mathrm{d}t} + a_0 q_o = b_0 q_i, \quad \text{或者} \quad q_o = \frac{(b_0/a_0) q_i}{1 + (a_1/a_0) \frac{\mathrm{d}q_o}{\mathrm{d}t}} = \frac{K q_i}{1 + \tau D} \tag{2-14}$$

由于存在一个微分环节,系统的阶跃响应呈现指数上升趋势,即 $y = y_1(1 - e^{-t/\tau})$,有一个时间常数 τ。温度传感器是典型的一阶系统,一般用输出响应上升到 63% 稳态值 y_1 的时间来定义,称为响应时间(图 2-10(b))。$y(\tau) = y_1(1 - e^{-1}) \approx 0.63 y_1$。有些传感器的时间常数比较短,会取稳定值的 90% 作为最终值,这种响应时间当然要比前者长一些,所以会给出特别的标注,如 τ_{90}。$y(\tau_{90}) = 0.9 y_1$。

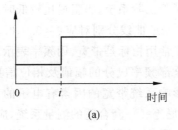

(a)

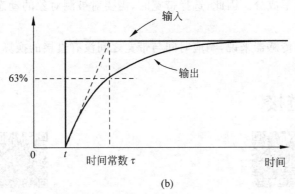

(b)

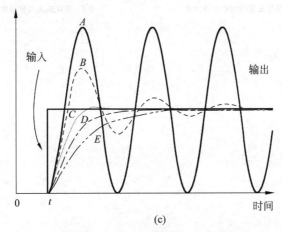

(c)

图 2-10　0～2 阶系统的阶跃响应特性

（a）零阶系统；（b）一阶系统；（c）二阶系统

二阶系统的微分方程为：

$$a_2 \frac{\mathrm{d}^2 q_\mathrm{o}}{\mathrm{d}t^2} + a_1 \frac{\mathrm{d}q_\mathrm{o}}{\mathrm{d}t} + a_0 q_\mathrm{o} = b_0 q_\mathrm{i} \tag{2-15}$$

与机械系统的情形类似，定义三个参数，即静态灵敏度 $K = b_0/a_0$，谐振频率 $\omega_n = \sqrt{a_0/a_2}$、阻尼比 $\xi = a_1/(2\sqrt{a_0 a_2})$，式（2-15）改写为：

$$\frac{1}{\omega_n^2} \frac{\mathrm{d}^2 q_\mathrm{o}}{\mathrm{d}t^2} + \frac{2\xi}{\omega_n} \frac{\mathrm{d}q_\mathrm{o}}{\mathrm{d}t} + q_\mathrm{o} = K q_\mathrm{i} \tag{2-16}$$

绝大多数的振动传感器属于二阶系统,当阻尼比较低时,系统的阶跃响应会出现振荡现象。图 2-10(c)中,$A \sim E$ 曲线分别对应 $\xi = 0.0, 0.2, 0.707, 1.0, 1.5$ 的情形。

衡量动态特性另一个常用指标是带宽,用频率表示。理想的传感器,应该能够无失真地得到被测参量全部频率成分的幅值及相位信息。然而,实际传感器的带宽肯定是有限的。可能影响系统带宽的因素有电子的,如电容、电感、电阻;也有机械的,如质量、刚度、阻尼等。一套合适的测量系统,应该能够复现所测量信号中感兴趣的全部频率成分。因此,选择带宽时,需要对被测对象的动态变化情况有清楚的了解。

对于大部分传感器来说,响应时间与带宽之间没有直接的换算关系。

本章相关链接

2-1 线性度、滞后及重复性三项指标的计算方式

2-2 系统响应与常系数微分方程的解

第 3 章

测量中的误差

以传感器为核心器件的数据获取系统,得到的是以数据形式表达的测量结果。这种数据可能反映,也可能反映不了被测对象的真实情况。测量结果与待测参量真实数值之差,就是测量的误差。测量误差可能来源于两种因素,一是由于传感器本身的非理想因素导致;二是现场测量过程中的噪声干扰等因素导致。从应用角度来看,将测量误差降低到能够做到的最低水平,与准确评估测量结果可能存在的误差,是同样重要的。当测量系统的最终输出是由两个或多个变量的测量结果计算得到,还需要考虑如何将每个单独测量的误差组合在一起,以估计出整套测量系统的误差情况。

3.1 系统误差

系统误差的最直观理解,就是图 2-8(b)中"精密但不精确"的情形。实际应用中,系统误差可直接从数值的变动规律观察得到。存在系统误差时,测量系统的输出读数永远在真实值的一侧,即测量误差全部为正,或者全部为负。比如,指针式仪表盘上的指针,如果因某种原因出现机械弯曲,读数就会出现这种系统误差。在实际工程应用中,测量仪器本身在投入应用前未能很好地校准、测量系统使用过久而出现灵敏度等技术参数的漂移、安装时电缆布设不够合理等,都可能会导致系统误差。

测量行为对被测系统的干扰,即测量系统的介入所导致的误差,是最常见但很容易被忽视的系统误差。例如,用水银温度计测量烧杯中溶液的温度时,烧杯中的溶液温度高于室温,但水银温度计本身是处于室温下的。将温度计插入烧杯中时,温度计本身会与溶液发生热交换,得到的温度测量结果应该是热交换达到平衡后的数值,当然会低于溶液的实际温度。烧杯中溶液的量越少,这种系统误差越大。当然,如果溶液量比较大,这种热交换导致的温度降低小于温度计的分辨率,则即使存在这种原理性的误差,也不会反映到测量读数上。在图 2-7 中的箱内液位测量中也可能出现类似的情形:如果小明的眼睛位置与液位观察管的中央位置持平,则上半部分的液位读数误差可能全部为负,下半部分的液位读数误差则可能全部为正。

测量系统,尤其是传感器的安装对被测对象的侵入,原理上都会产生这种系统误差。在工业应用中,孔板式流量计是最典型的例子。由于需要在管道中安装节流孔板,通过孔板两侧的压力差实现流量测量,孔板的安装必然会影响管道中流体的流动。如果安装不合适,则可能会出现非常大的系统误差。

电路测量中的接触阻抗,也是常见的系统误差来源之一。用万用表测量电阻时,测量电极与待测电阻引脚之间会存在一个接触电阻(大约在数十到数百毫欧量级),得到的测量值是电阻元件本身与接触电阻串联的结果。因此,当测量小电阻($<10\ \Omega$)时,就需要采用 4 电极或更复杂的测量电路,以尽可能减小这种系统误差。

传感器在使用过程中,由于自身稳定性或环境温度发生改变,导致工作点或增益发生漂移,是很常见的一种系统误差。根据所影响的传感器参数,这种误差可分为两类:一是零位误差,即传感器在零输入情况下,输出值发生改变导致的误差;二是灵敏度误差,即传感器增益发生改变导致传感器灵敏度出现漂移。根据导致误差的原因,也可分为两类:一是长期稳定性不良导致的时间漂移(简称时漂);二是环境温度变动导致的温度漂移(简称温漂)。

几乎所有电子元件的实际参数值都与温度有关,在传感器中几乎都会存在温漂现象。环境温度可通过在系统中添加温度传感器进行测量,因此,这种误差可借助温度补偿的方式加以限制。关于采用单片机进行温度补偿的文献报道很多,这也是一种非常简单实用的方案。然而需要注意的是,这种方案需要同时测量出传感器的温度值。由于热传导的影响,温度测量探头与传感器在空间位置上的距离很可能造成两者温度的不一致,影响实际补偿的效果。

由于长时间使用产生的漂移,可通过选择高稳定性器件、优化电路参数等方法减小。更常用的方式是定期校准。由于这种误差主要来源于零位及灵敏度漂移,因此,多采用两点校准的方式进行,仅需测量零输入、满量程输入时的输出读数,即可消除这种系统误差。

集成多只敏感元件的智能传感器可充分借助内部计算资源,对系统误差进行补偿。采用额外的敏感元件检测环境变量,智能传感器可实现更多误差源的自动补偿。由于需要根据传感器本身的特性设计补偿算法,两方面的因素成为影响补偿效果的关键:一是合理的补偿模型及算法;二是需要获取到足够丰富的测试数据。后者在实践中难度往往更大一些。最典型的如温度补偿,需要得到多个温度点处的零位及灵敏度的数值,测试工作量往往会很大。

在实际应用中,由于难以控制现场应用条件,一般很难实现系统误差的准确估计。常用的做法是假设一种中性环境条件,再以 $\pm x\%$ 的形式定义最大误差范围。当环境条件在中性条件附近波动时,输出值的误差不会超出此范围。传感器的产品数据表中,以"精度"或其他形式给出的误差范围,一般就是这样一种定义方式。当然,这样定义的误差,不仅会包括系统误差,还可能包括下文所述的随机误差。

3.2　随机误差

顾名思义,随机误差是由于一些不可预测的随机因素导致的。反映到数值大小上,就是误差的正负情况是随机的,这也是随机误差与系统误差最简单直观的区别方式。当对同一输入值进行多次重复测量时,测量结果会接近均布于真实值的两侧。因此,只要在进行重复测量的过程中保持输入量的值不变,对重复测量结果取平均值或者中值作为输出,可在很大程度上消除随机误差。这种平均值/中值计算结果的置信度,可以借助标准差或方差进行量化计算。

对于一组重复测量结果,平均值与中值都可用来表达这组数据的均值。随着重复测量次数的增加,平均值与中值之间的差异会降低到非常小的程度。然而,对于 n 次重复测量得到的数据 $x_1,x_2,\cdots,x_n$,更为广泛接受的计算结果还是平均值:

$$x_{\text{mean}} = \frac{x_1 + x_2 + \cdots + x_n}{n} \tag{3-1}$$

中值不需要进行加和处理,只需要将 n 次测量结果按照从大到小排序后,取出中间数值即可,即:

$$x_{\text{median}} = \begin{cases} x_{(n+1)/2} & n \text{ 为奇数} \\ (x_{n/2} + x_{n/2+1})/2 & n \text{ 为偶数} \end{cases} \tag{3-2}$$

对误差的估计,一般不会采用最大最小值的方式给出误差区间,而是用统计学中的标准差或方差。标准差或方差更客观地描述了测量值围绕均值的波动情况。假定均值为 x_{mean},每次测量值与均值之差为 $d_i = x_i - x_{\text{mean}}$,方差的计算公式为:

$$Var = \frac{d_1^2 + d_2^2 + \cdots + d_n^2}{n-1} \tag{3-3}$$

标准差为方差的平方根

$$\sigma = \sqrt{Var} = \sqrt{\frac{d_1^2 + d_2^2 + \cdots + d_n^2}{n-1}} \tag{3-4}$$

如果测量值符合正态分布,则测量结果可用 $x_{\text{mean}} \pm 1.96\sigma$,或简单用 $x_{\text{mean}} \pm 2\sigma$ 的方式给出,对应的置信度分别为 95% 及 95.4%(实用中一般统一取为 95%)。例如,测量一张纸的宽度,如果给出的测量结果为 (10.53 ± 0.08)cm,就意味着再次采用同样手段进行测量时,所得到的测量结果将有 95% 的可能会介于 10.45 cm 与 10.61 cm 之间。

式(3-3)、式(3-4)中用到了平方计算,不仅计算量要比简单作差的方式大,测量次数较少时,异常点(离开均值很远的个别点,或称野点)的影响往往会很明显。

因此,用 d_i 绝对值表达测量结果分散程度,在智能化测量系统中成为常用的一种方式,尤其是在需要进行异常点的检测与去除时,应用效果更好一些。

平均值绝对偏差(average absolute deviation)计算的是 d_i 的绝对值之和:

$$\text{AAD} = \frac{|d_1| + |d_2| + \cdots + |d_n|}{n}$$

$$= \frac{|x_1 - x_{\text{mean}}| + |x_2 - x_{\text{mean}}| + \cdots + |x_n - x_{\text{mean}}|}{n} \quad (3\text{-}5)$$

与式(3-4)相比,由于没有进行平方运算,这种计算方式得到的计算结果对于野点数值的敏感程度更低一些。

中位数绝对偏差(median absolute deviation)计算的是 $(x_i - x_{\text{median}})$ 绝对值的中位数:

$$\text{MAD} = \text{median}(|x_i - x_{\text{median}}|) \quad (3\text{-}6)$$

其中,median($\cdot$)表示取中位数的运算。

显然,与式(3-4)相比,这种取中值的计算方式得到的计算结果,对于野点数值的敏感程度比 AAD 更低,因此更常用于测量结果中容易出现野点的测量场合。

当 n 足够大且数据符合正态分布时,可采用类似于标准差的方式,用 MAD 这一参数表达测量误差。对于符合正态分布的数据集合,有 $\sigma/\text{MAD} = 1.4826 \approx 1.483$,因此

$$\text{MAD}_e = 1.483\text{MAD}, \quad \text{或者} \quad \text{MAD}_e = 1.4826\text{MAD} \quad (3\text{-}7)$$

与 $\pm 2\sigma$ 或 $\pm 3\sigma$ 对应的表达方式为:

$$2\text{MAD}_e \text{——} x_{\text{median}} \pm 2\text{MAD}_e, \quad 3\text{MAD}_e \text{——} x_{\text{median}} \pm 3\text{MAD}_e \quad (3\text{-}8)$$

类似地,$\sigma/\text{AAD} = 1.2533$,因此 AAD 所乘的系数应为 1.2533。

3.3 测量系统中的误差合成

测量系统中的误差来源往往不止一个,因此必须以正确的方式进行汇总计算,才能对测量系统的总误差给出合理的估计。测量系统的误差合成问题大致可分为两种:一是系统误差与随机误差的合成;二是来源于多个元件/环节的误差合成。

系统误差与随机误差的合成,可以用简单加和的方式进行计算。例如,假定系统误差为 $\pm x$,随机误差为 $\pm y$,则总误差为 $e = \pm(x + y)$。然而,更常用的还是采用均方根的计算方式,即:

$$e = \pm\sqrt{x^2 + y^2} \quad (3\text{-}9)$$

显然,这一公式的计算结果,要低于 $e = \pm(x + y)$。原因在于统计学中的一个基本假设:系统误差与随机误差是相互独立的,其最大/最小值同时出现的可能性不大。

测量系统往往是由多个分立的元件/环节组成的,每个元件/环节都可能存在

误差。根据元件/环节在测量系统中的位置,测量误差的合成可能包括加、减、乘、除四种数学运算。

当测量系统中两个分立元件的输出 y 与 z 相加时,总的输出为 $S=y+z$。如 y 与 z 的最大误差分别为 $\pm ay$ 与 $\pm bz$,输出 S 可能出现的最大、最小值的分别为:

$$S_{\max}=(y+ay)+(z+bz) \quad S_{\min}=(y-ay)+(z-bz)$$

与式(3-9)类似,当两路输出相互独立时,S 的误差计算公式为:

$$e=\sqrt{(ay)^2+(bz)^2} \tag{3-10}$$

相应地,输出 S 可表达为 $S=(y+z)\pm e$ 或者 $S=(y+z)(1\pm f)$,其中 $f=e/(y+z)$。

当 y 与 z 相减时,同样可用(3-10)计算误差 e,相应的输出为:

$$S=(y-z)\pm e \quad 或者 \quad S=(y-z)(1\pm f),其中 f=e/(y-z)。$$

当 y 与 z 相乘时,输出为 $P=yz$,如 y 与 z 的最大误差分别为 $\pm ay$ 与 $\pm bz$,输出 P 可能出现的最大、最小值的分别为:

$$P_{\max}=(y+ay)(z+bz)=yz+ayz+byz+aybz$$

$$P_{\min}=(y-ay)(z-bz)=yz-ayz-byz+aybz$$

由于 $y\pm ay=y(1\pm a),z\pm bz=y(1\pm b)$,绝大部分情况下,$a$ 与 b 的数值远小于 1,因此上式中的最后一项,即 $aybz$ 与其他项相比很小,可以忽略,故有:$P_{\max}=yz(1+a+b),P_{\min}=yz(1-a-b)$,即 P 可能出现的最大误差范围为 $\pm(a+b)$。同样,当 y、z 相互独立时,可用均方根的方式计算误差,即

$$e=\sqrt{a^2+b^2} \tag{3-11}$$

需要注意的是,式(3-11)中 e 的计算仅用到了 y、z 误差的相对比例值 a、b,而不是式(3-10)中的绝对误差值 ay、bz。

与乘法的情况类似,当输出为 y 与 z 之比,即 $Q=y/z$ 时,由 $\pm ay$ 与 $\pm bz$ 导致输出 Q 可能出现的最大、最小值的分别为:

$$Q_{\max}=\frac{y+ay}{z-bz}=\frac{(y+ay)(z+bz)}{(z-bz)(z+bz)}=\frac{yz+ayz+byz+aybz}{z^2-b^2z^2}$$

$$Q_{\min}=\frac{y-ay}{z+bz}=\frac{(y-ay)(z-bz)}{(z+bz)(z-bz)}=\frac{yz-ayz-byz+aybz}{z^2-b^2z^2}$$

a,$b\ll 1$ 时,ab 及 b^2 项可忽略,因此有

$$Q_{\max}=\frac{yz(1+a+b)}{z^2}, \quad Q_{\min}=\frac{yz(1-a-b)}{z^2}, \quad 即 Q=\frac{y}{z}\pm\frac{y}{z}(a+b)$$

即商的最大误差为 $\pm(a+b)$。与相乘情况类似,当 y 与 z 相互独立时,商的误差依然可以采用式(3-11)进行计算,即 $e=\sqrt{a^2+b^2}$。

对于包含多种数学运算的测量系统,合成误差的计算可由上述四种情况的计算公式组合得到。

3.4 数据拟合与回归分析

理想的测量系统,应该能够保证输入(被测参量)与输出(信号或读数)之间存在唯一确定的函数关系,才能从测量系统的输出中得到关于被测对象的信息。由于测量系统本身不可避免地存在误差因素,加上应用环境中可能存在的干扰因素,不仅需要通过实验的方法获得测试数据,计算得到这种函数关系,还需要通过数据分布规律的分析,估计出测量结果可能存在的误差。最常用的计算手段就是数据拟合及回归分析。

3.4.1 数据结构分析

尽管大部分测控类的教材中,都会假设实验数据符合正态分布,但实际取得的实验数据,往往未必真的如此。尤其是在测试样本量较少时,一两个野点的数值往往会对均值、方差等统计分析结果产生严重影响。因此,拿到数据之后的第一步,就是分析数据的分布规律。

最简单的数据结构分析手段,应该就是在中学数学中学过的茎叶图。这是一种不需要计算机也能手工完成的分析方式。科学研究中,常用的方式则是图 3-1 所示的直方图以及箱线图。在第 1 章中已经介绍过直方图的概念。实际上,将茎叶图逆时针旋转 90°,就可得到与直方图类似的结果。

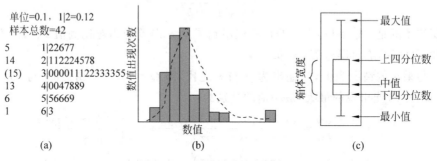

图 3-1 茎叶图、直方图、箱线图
(a) 茎叶图;(b) 直方图;(c) 箱线图

箱线图是分析仪器类研究文献中经常用到的数据分析手段。箱线图的绘制有些类似于 3.2 节中的中值计算。首先将数据集合中的所有数据由小到大排序,然后计算得到 5 个基本参数。图 3-1(c)右侧由下至上,分别为最小值 Min、下四分位数(Q_1,样本中所有数值由小到大排列后位于第 25% 的数字)、中值 Median(样本中所有数值由小到大排列后位于第 50% 的数字)、上四分位数(Q_3,样本中所有数值由小到大排列后位于第 75% 的数字)、最大值 Max。箱体宽度 $IQR = Q_3 - Q_1$。

例如,对于数据集合{25, 28, 29, 29, 30, 34, 35, 35, 37, 38},有 Min=25,

Max=38。

30,34 位于中间位置,Median=(30+34)/2=32。

29 位于下半部分,即{25,28,29,29,30}的中间位置,Q_1=29。

35 位于上半部分,即{34,35,35,37,38}的中间位置,Q_3=35。

箱线图给出了数据分布的直观表达,借助箱线图,可得到如下分析结果:

(1) 数据集合中数值的分布规律。从箱体宽度 IQR 以及线的长度,就可以直观看到数据分布的离散情况,此外,从中值在箱体中的位置,可观察到数据分布与正态分布的偏离情况(图 3-2(a))。

(2) 野点值的确定。如图 3-2(b)所示,用箱体宽度 IQR 的 1.5 倍线,替代图 3-1(c)中的最大、最小线,超出此线的数据,即判定为野点。

(3) 两组数据的对比。如图 3-2(c)(图中的圆点为数据值)所示,根据中值线的位置,可直观判定两组数据之间是否存在差异。

(4) 多组数据对比。如图 3-2(d)所示,对于多组数据,不仅可利用(2)的方式简单判断出野点(圆点)值,并且根据箱体宽度及箱线长度,可直接对比分析各组数据的分布情况。

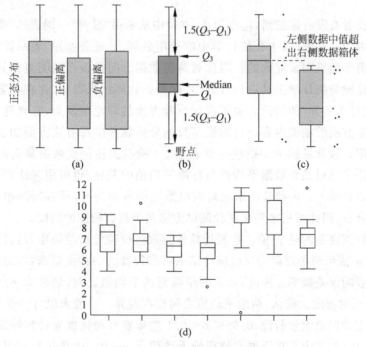

图 3-2　箱线图中的直观信息

(a) 分布的正态性;(b) 野点分析;(c) 两组数据对比;(d) 多组数据对比

当测试得到的数据与时间有关时,绘制出数据点图有助于发现数据中的一些规律。如图 3-3 所示中,尽管数据的平均值 μ 与标准差 σ 的数值相近,但图(a)~(c)

中的数据明显呈现与时间有关的规律,如直接用统计方法进行处理,很容易导致错误。

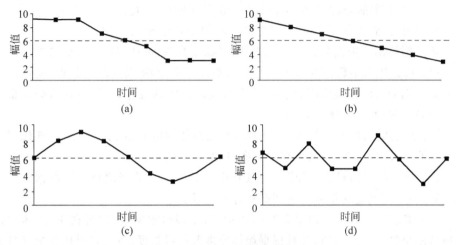

图 3-3　与时间有关的数据点图

(a) $N=9,\mu=6,\sigma=2.65$; (b) $N=7,\mu=6,\sigma=2.16$; (c) $N=9,\mu=6,\sigma=2.06$; (d) $N=9,\mu=6,\sigma=1.80$

　　不知读者有没有注意到,迄今为止,本章中从未用"显著"一词表达"明显"的意思。这是因为,"显著"属于在统计学中的专用名词。"显著差异"表示该"差异"不太可能是由于随机因素导致的。当比对两组数据之间是否存在明显差异时,需要借助假设检验的统计学工具进行计算,才能根据计算结果得到"存在显著差异"或者"不存在显著差异"的结论。关于假设检验方面的理论很复杂,有兴趣的读者可参考统计学方面的相关内容。目前很多数据分析软件中都有这方面的功能函数,可直接应用。最常见的为 t-检验与 F-检验。t-检验关注的是数据集合的平均值,因此既可用来比对某组数据平均值与标准平均值的差异,也可用来比对两组数据平均值的差异情况。F-检验用来比对两组数据的分布情况,即判断两组数据是否源自同一分布,因此可用来判断两种测试方法是否具有相同的精度。

　　需要特别说明的是 p-值。在统计软件的假设检验分析结果中,通常会包含一个 p-值。p-值可简单理解为反映统计结果可信程度的一种度量指数,即接受观测结果为有效的误差概率。因此,如果两组数据的平均值比对,结果为 $p=0.10$,相当于说 90% 的程度上确认,两组平均值之间存在差异。一般来说,$p>0.1$,意味着未见证据支持拒绝无效假设,$0.05<p<0.1$ 意味着有弱证据支持拒绝无效假设,$0.01<p<0.05$ 意味着有证据支持拒绝无效假设,$p<0.01$ 意味着有强证据支持拒绝无效假设。通常常用 $p\leqslant0.05$ 作为判断统计学"显著"的标准。

　　需要注意的是,上述文字中的"未见证据"不等于"不存在证据"。因此,$p\leqslant0.05$ 时,拒绝无效假设,接受备择假设,即"存在显著差异"。但如果计算得到的 $p>0.05$,则只能说"拒绝无效假设失败",而不能说"接受无效假设",从而得出"不存在显著差异"的结论。此外，从 p-值到"显著性"的结论推理过程，只是将 p-值与阈值水平(如 0.05)进行比对，以得到二选一的结论，因此不能说 $p=0.06$ 比 $p=0.07$ 的结果"更好"。

3.4.2 曲线拟合与相关系数

在统计学中，回归分析包括了一组方法，用于分析两个或多个变量之间的关系。在传感与测量领域，输入与输出往往都是单一变量，最为常用的方法是曲线拟合，尤其是直线拟合。

在传感器或测量仪器的研发过程，或者产品出厂之前，通常需要对传感器的敏感特性进行标定测试，以获取传感器或仪器对于一个或多个参考输入值的响应输出值。"标定"有时也称为"校准"。一般来说，实验室中的参考输入值取点较多时，往往称为"标定"，而生产或应用过程中，参考输入值的取点一般不是很多，甚至只有一个或两个点，通常称为"校准"。

线性回归，或简单理解为直线拟合，是处理标定数据最常用的统计方法。

如图 3-4 所示，对于测试取得的标定数据集合 $x_i=\{x_1,x_2,\cdots,x_n\}$，$y_i=\{y_1,y_2,\cdots,y_n\}$，线性回归建立了输入值与响应输出值之间的线性函数关系：

$$y=a+bx+\varepsilon \tag{3-12}$$

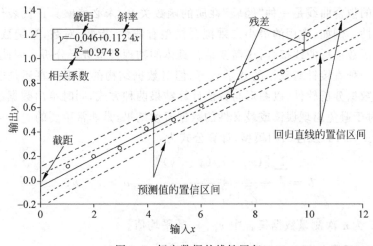

图 3-4 标定数据的线性回归

其中，b 为直线斜率，a 为直线的截距。ε 为随机因素导致的残差。在标定测试过程中，输入量会采用准确度更高的"标准"样品或仪器提供，即假设所有测试误差仅发生在 y 值中，且符合正态分布。因此，一般认为 ε 符合均值为 0，方差为 σ^2 的正态分布，如图 3-5 所示。

这种输入输出值之间的函数关系当然可以不是线性的。随着智能化传感器以及智能仪器本身内部计算资源的丰富，输入值与输出值之间只要满足单调的数学

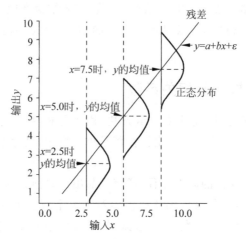

图 3-5　回归模型的残差分布

关系,借助回归方法建立起来的函数关系(不限于线性关系)就可能用于测量系统中,即根据响应输出值,反算出待测变量的测量值。

最常用的回归分析方法就是最小二乘法,给出的"最佳拟合曲线"与测量数据之残差平方和最小。注意这里的"最佳"是指"拟合曲线"与数据之间的逼近程度,而不是该曲线的数学公式。最小二乘法只是根据数据本身的规律给出拟合结果,因此得到的拟合曲线是一种"经验"性质的函数关系,未必能够真正代表传感器或仪器的特性。例如,常用的最小二乘拟合模型有线性、指数、对数、幂函数等,具体选取哪种函数进行曲线拟合,还需要结合具体的物理模型进行分析。因此,尽管回归分析是一种直接针对数据的数学运算,但对数据结构的直观观察还是非常重要的。借助数据分析软件,以图形与数值计算结果两种方式,同时给出数据的回归分析结果,对于避免出现误读或歧义性的数据解读结果,是非常重要的。

对于式(3-12)线性回归模型,计算公式为:

$$b = \frac{\sum\limits_{i}[(x_i - \bar{x})(y_i - \bar{y})]}{\sum\limits_{i}(x_i - \bar{x})^2}, \quad a = \bar{x} - b\bar{y} \tag{3-13}$$

其中,$\bar{x}$、$\bar{y}$ 为 n 次测量数据集合中 x_i、y_i 的平均值。

1. 决定系数与相关系数

对于图 3-4 中的结果,最先关注的往往是左上角方框中的内容,尤其是系数 R^2。一般认为,线性拟合得到的系数 R^2 就是常用的皮尔逊相关系数(Pearson's correlation coefficient)的平方,皮尔逊相关系数的计算公式为:

$$r = \frac{\sum\limits_{i}[(x_i - \bar{x})(y_i - \bar{y})]}{\sqrt{\sum\limits_{i}(x_i - \bar{x})^2 \sum\limits_{i}(y_i - \bar{y})^2}} \tag{3-14}$$

实际上,在很多工具软件中,给出的系数 R^2 是决定系数(coefficient of determination),或称为拟合优度(goodness of fit)。计算公式为:

$$R^2 = 1 - \frac{\sum_i (y_i - \hat{y}_i)^2}{\sum_i (y_i - \bar{y})^2} \tag{3-15}$$

其中,$\hat{y}_i$ 为假设输入为 x_i 时,用拟合方程 $y = a + bx$ 计算得到的输出预测值。因此 $(y_i - \hat{y}_i)^2$ 即图 3-4 中残差的平方。

对比式(3-14)与式(3-15)可见,决定系数 R^2 是从拟合直线的角度出发,衡量拟合直线与数据点之间的符合程度。$R^2 = 0.974\,8$ 表示 97.48% 的输出数值变动,是由输入数值变动所导致,其余的 2.52% 则是由随机因素所导致。相关系数 r 则不同,仅考虑输入输出数据 x_i、y_i 之间的关联程度,r 值的大小仅取决于数据 x_i、y_i,与拟合直线无关。

当采用式(3-13)的最小二乘法得到拟合直线时,决定系数 R^2 就等于相关系数 r 的平方,因为:

$$\sum_i (y_i - \hat{y}_i)^2 = \sum_i (a + bx_i - \bar{y})^2 = \sum_i (\bar{y} - b\bar{x} + bx_i - \bar{y})^2$$

$$= b^2 \sum_i (x_i - \bar{x})^2 = \frac{\left[\sum_i (x_i - \bar{x})(y_i - \bar{y})\right]^2}{\left[\sum_i (x_i - \bar{x})^2\right]^2} \sum_i (x_i - \bar{x})^2$$

$$= \frac{\left[\sum_i (x_i - \bar{x})(y_i - \bar{y})\right]^2}{\sum_i (x_i - \bar{x})^2}$$

正是由于存在这样一种数值上的相等关系,在许多文献中,决定系数与相关系数往往是不加区分混同使用的。

相关系数给出了两组数据之间相互关联的程度,简单来说,就是判断一下两参量之间是否存在"相互关联":

(1) $r > 0$,正相关。x 增大,y 倾向于增大;

(2) $r < 0$,负相关。x 增大,y 倾向于减小;

(3) $r = 0$,不相关。x 增大,y 变化无倾向性。

作为一种最为理想的情况,如果 x 和 y 以线性方式完全相关,且 y 随 x 的增加而增加(正斜率),则 r 的值将为 $+1$。反之,如 y 随 x 的增加而减小(负斜率),则 r 的值将为 -1。

显然,如果仅考虑"关联"的程度,$r = -0.70$ 与 $R = 0.70$ 应该是相同的。用文字表述"关联"程度时,可参考下面的取值范围:

(1) $r = 0.00 \sim 0.19$,很弱

(2) $r = 0.20 \sim 0.39$,弱

(3) $r=0.40\sim0.59$,中度

(4) $r=0.60\sim0.79$,强

(5) $r=0.80\sim1.0$,很强

对于传感器或测量系统而言,需要尽可能准确地由输出读数反推出被测输入量的数值,因此一般要求 $r=0.80\sim1.0$。对于物理量的测量而言,r 的取值往往非常接近于 1,因此常用 r^2 形式给出,以更好地区分 r 值的大小。

判断某一软件给出的 R^2 是否是相关系数的平方,最简单的方式就是改动一下拟合曲线的形式。例如,对于下表中的数据,用 EXCEL 软件,分别用有截距的公式 $y=a+bx$ 与零截距的公式 $y=bx$ 进行拟合,得到的结果分别为 $y=-0.081\,3+0.019\,2x$,$R^2=0.992\,5$,以及 $y=0.018\,9x$,$R^2=0.992\,1$。两者 R^2 计算结果不同,说明 R^2 是决定系数,而不是相关系数的平方。

x_i	0	50	100	150	200	250	300	350	400
y_i	0.00	0.60	1.90	2.98	3.51	4.90	6.05	6.40	7.50

2. 残差与标准差

图 3-6 给出了图 3-4 中数据的残差($y_i-\hat{y}_i$)情况。合理的残差点应该类似于 3.2 节中的随机误差,随机分布于回归直线的两侧。残差值越大,真实回归线实际位置的不确定性就越高。回归计算中的标准差就是根据残差计算得到的:

$$\text{RSD}=\sqrt{\dfrac{\sum\limits_i(y_i-\hat{y}_i)^2}{n-2}} \tag{3-16}$$

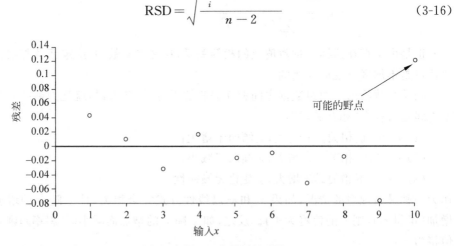

图 3-6　图 3-4 中数据的残差

计算式的分母中有 $(n-2)$ 个自由度,可简单理解为需要估计两个参数(斜率 b 与截距 a),因此至少需要 3 个点才能进行回归分析。

根据标准差 RSD,可计算斜率 b 的不确定度:

$$S_b = \frac{\text{RSD}}{\sqrt{\sum\limits_i (x_i - \overline{x})^2}} \tag{3-17}$$

斜率 b 的置信区间采用 $(n-2)$ 自由度的 t 值 (t_{n-2}) 计算：

$$b \pm t_{n-2} S_b \tag{3-18}$$

注意，这里的 n 是标定点的数目。

类似地，截距的不确定度计算公式为：

$$S_a = \text{RSD} \frac{\sqrt{\sum\limits_i x_i^2}}{\sqrt{\sum\limits_i (x_i - \overline{x})^2}} \quad a \pm t_{n-2} S_a \tag{3-19}$$

需要补充说明的是，图 3-6 中的"野点"值很可能会严重影响回归直线的计算结果。因此，绘制出数据点图，并对图中可能出现的野点值进行适当处理，是非常重要的。

3. 回归直线的置信区间

在图 3-4 中，还有两对虚线表示的置信区间，即回归直线的置信区间与预测值的置信区间，分别对应如下两种情形：

(1) 回归直线的置信区间。关心的是回归直线用于对某个输入值 x^* 测量时，响应均值的估计程度。计算公式为：

$$\hat{y} \pm t_{n-2} \text{RSD} \sqrt{\frac{1}{n} + \frac{(x^* - \overline{x})^2}{(n-1)\sum\limits_i (x_i - \overline{x})^2}} \tag{3-20}$$

(2) 预测值的置信区间。关心的是对某个输入值 x^* 测量时，响应输出值的可信程度。计算公式为：

$$\hat{y} \pm t_{n-2} \text{RSD} \sqrt{1 + \frac{1}{n} + \frac{(x^* - \overline{x})^2}{(n-1)\sum\limits_i (x_i - \overline{x})^2}} \tag{3-21}$$

两个公式很相似，只不过式(3-21)比式(3-20)多加了一个"1"，因此宽度更大一些。显然，置信区间呈现中间窄两侧宽的"哑铃"形，在均值 $(x^* = \overline{x})$ 处的置信区间最窄。因此，在标定点设计时，考虑实际使用中的常见测量范围很重要。尤其是在化学测量领域中，经常会测量到的样品往往是低浓度的，标准物质取值往往不是等间隔的，比如取 $0.05, 0.1, 0.2, 0.4, 0.8, 1.6$。

对同一标定点 x_i 进行多次重复测量，有助于提高测量结果的不确定度。如对同一标定输入值 x_i 进行 m 次重复测量(对每个测量点的 m 个输出取均值进行回归计算)，则式(3-21)变为：

$$\hat{y} \pm t_{n-2} \text{RSD} \sqrt{\frac{1}{m} + \frac{1}{n} + \frac{(x^* - \overline{x})^2}{(n-1)\sum\limits_i (x_i - \overline{x})^2}} \tag{3-22}$$

本章相关链接

3-1　统计学中的自由度

内容要点：计算统计学参数时，究竟是除以 n，还是除以 $(n-1)$，甚至 $(n-2)$？

3-2　相关系数的解读

内容要点：相关系数的计算很容易，但解读方面经常容易出现一些问题。

3-3　分析仪器中的检测限与定量限

内容要点：经常看到生化领域的有些文献中，给出的检测限指标非常高，是怎么得到的？

3-4　科学仪器的性能比对

内容要点：如何对比两台仪器是否可以互换使用？如何计算 Bland-Altman 图？

第4章

典型物理参量的测量

传感器的常用英文单词是 sensor,有一个拉丁词根"sentire",意思是"感知"。顾名思义,传感器是对某种输入激励量做出输出响应的器件或装置,这种输出是输入的函数,并且希望是线性函数。传感器的另外一个常用单词是"transducer"(换能器),强调的是能量转换功能。换能器将输入的被测信号能量转换成另一种可测量的形式,通常是电能。因此,尽管有时两个名词可以通用,但一般来说,换能器的概念涵盖范围更宽,不仅有传感器(非电能到电能),还包括了执行器(电能到非电能),甚至包括了如三极管等电路元件(电能到电能)。

随着系统集成及智能化程度的提高,传感器与测量系统的边界也越来越模糊。很多传统意义上的测量系统已经小型化为传感器或传感器系统。然而,从应用需求来看,传感器与测量系统的基本功能并没有改变:实现对待测对象当前状态的精准与稳定的测量。这种"状态"的测量有时可以通过单一参量的测量实现,有时则需要同时测量多个参量。需要注意的是,实际应用中,传感器本身所敏感的参量,未必就是需要测量的待测参量。例如,通过测量温度差,可以测量气体的流速。这里用到的是温度传感器,但测量的参量则是气体的流速。

4.1 温度与热流的测量

物体中的热量[单位为焦耳(J)]与物体的热力学温度[单位为开尔文(K)]成正比:

$$Q = mcT \tag{4-1}$$

其中,m 为物体的质量,c 为单位质量的热容量[单位为 $J/(kg \cdot K)$],是材料的基本特性参数。对于特定的物体,热容量是其所能够储存热能的量度。

温度,几乎是热学量中唯一可直接用传感器进行测量的参量。根据测量方式,温度传感器可分成接触式和非接触式两大类。接触式温度传感器的感温元件直接与被测对象接触,两者进行充分的热交换达到热平衡后,感温元件的温度等于被测对象的温度。因此,测量过程中,必须注意传感器介入可能导致的系统误差。与之相反,非接触式温度传感器的感温元件不与被测对象直接接触,而是通过探测被测物体的红外热辐射能量实现温度的测量。这种红外测温系统一般是以仪器形式出现(如新冠肺炎疫情期间最为常见的红外测温仪),本章仅介绍接触式测温传感器。

最简单的温度测量器件中可以完全没有电子元件,如利用封闭管内液体热胀冷缩现象,可以制成常见的玻璃棒式(如体温计)或指针式(在冰箱中偶尔会见到)温度计。利用双金属片的热膨胀系数差异,可以制成简单可靠的温控开关:当高于设定温度时产生机械跳变,断开电路连接,广泛用于小型电器的温度控制和过热保护。也可以制成指针式双金属温度计。由于工作过程完全不需要电源,指针式双金属温度计在一些工业应用场合依然扮演着不可替代的角色。

一般意义上的温度传感器,是指可将温度转换为电信号输出的器件,主要包括热电偶、热电阻及热敏电阻三种类型。

4.1.1　热电偶

热电偶是工业应用最为广泛的温度传感器之一。热电偶有完善的工业标准,互换性好,且敏感部位的热惯性小,量程大,可直接测量$-40\sim+1\,370$℃范围内的液体、蒸汽、气体介质以及固体的表面温度。特殊设计的高温热电偶,最高测量温度可达$+1\,800$℃。简单的热电偶测量仪器可制成万用表型式甚至直接集成于传统的万用表中,即使完全不了解热电偶原理的用户,也可直接使用。

热电偶的主要局限在于测量精度。尽管热电偶元件本身可以达到比较高的测量精度,但由于测量原理的限制,如希望整个温度测量系统具有低于1℃的测量误差,难度比较大。此外,热电偶的测量电路及其应用方式与其他类型的传感器有很大不同,如果不了解测量原理,很容易导致不易察觉的测量误差。

热电偶是一种无源传感器,即不需要外加电源就可以将温度信号转换为电信号输出,因此可视为一种热-电转换器件。除电阻可将电能转换为焦耳热外,可实现热能与电能转换的热电效应有三种,分别是泽贝克效应(Seebeck effect)、帕尔贴效应(Peltier effect)和汤姆逊效应(Thomson effect)。后两者如图 4-1(b)所示,当电流流过不同材料的导线 A、B 时,如果两导线连接点处的温度不同($T_\mathrm{H}>T_\mathrm{L}$),

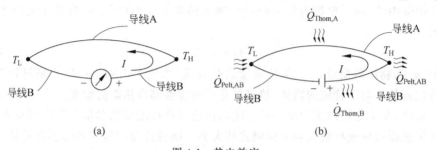

图 4-1　热电效应

(a) 泽贝克效应；(b) 帕尔贴效应与汤姆逊效应

则除了会产生不可逆的焦耳热外,还会发生吸热或放热现象,热能大小(帕尔贴为 $\dot{Q}_{\mathrm{Pelt,AB}}$,汤姆逊为 $\dot{Q}_{\mathrm{Thom,A}}$ 及 $\dot{Q}_{\mathrm{Thom,B}}$)取决于导线材料及电流、温差、温度梯度等因素。与前两者相反,只有图 4-1(a)所示的泽贝克效应,才能将热能转换为电能:当 $T_{\mathrm{H}} > T_{\mathrm{L}}$ 时,在回路中可检测到电流信号。

　　实际上,泽贝克效应的所产生的是电动势,即使不存在如图 4-1(a)的闭环回路,在导线 A 的两侧,也会出现电势差,电势差的大小取决于导线 A 两端的温度差以及导线材料,即:

$$V_{\mathrm{A}} = \alpha_{\mathrm{A}}(T_{\mathrm{H}} - T_{\mathrm{L}}) \tag{4-2}$$

其中,α_{A} 称为泽贝克系数,其大小取决于导线 A 本身的材质。因此,如导线 B 的材质与导线 A 不同,则即使开路情况下,图 4-1(a)的两侧也会出现可测量的电势差:

$$\Delta V = V_{\mathrm{A}} - V_{\mathrm{B}} = \alpha_{\mathrm{A}}(T_{\mathrm{H}} - T_{\mathrm{L}}) - \alpha_{\mathrm{B}}(T_{\mathrm{H}} - T_{\mathrm{L}})$$

$$= (\alpha_{\mathrm{A}} - \alpha_{\mathrm{B}})(T_{\mathrm{H}} - T_{\mathrm{L}}) = \alpha_{\mathrm{AB}}(T_{\mathrm{H}} - T_{\mathrm{L}}) \tag{4-3}$$

这样,由两种不同导体材料组成"偶"时,就可通过测量电势差 ΔV,得到温度差 $T_{\mathrm{H}} - T_{\mathrm{L}}$ 的测量结果。α_{AB} 即热电偶的泽贝克系数。一般来说,温度高的一端 (T_{H})为与待测对象接触的测量端(称为热端),温度低的一端(T_{L})则放置于测量系统的适当位置,称为冷端。显然,热电偶输出的是温度差的信号,因此需要测量得到冷端温度 T_{L},才能计算出热端温度 T_{H}。得到冷端温度的技术,称为冷端补偿。

　　最简单的冷端补偿,就是将冷端放入到冰水混合物中($T_{\mathrm{L}} = 0℃$)。如需测量 0℃以下的温度,则需要提供更低的温度环境。更为常见的方式则是将冷端置于测量系统中专门设计的恒温装置内,或直接置于空气环境中,另外选用一个温度敏感器件,测量得到冷端温度 T_{L}。

4.1.2　热电阻与热敏电阻

　　导体的导电特性与温度有关。借助这一特性,可通过测量电阻元件的电阻值大小,实现温度的测量。常用的电阻式温度敏感元件包括热电阻与热敏电阻两种。

　　热电阻的英文名称为 resistance temperature sensor,简记为 RTD,是利用纯金属材料电阻率随温度上升而线性增加的特性实现温度测量的。热电阻的型号有工业标准,采用代表材料的英文字母与代表 0℃下电阻值的数字形式表示。例如,Pt100 表示 0℃下电阻值为 100 Ω 的铂电阻,Cu50 表示 0℃下电阻值为 50 Ω 的铜电阻。

　　尽管也有铜或镍材料制成的热电阻,但更为常见的还是用金属铂制作的铂热电阻。铂热电阻在高温下可保持很好的长期稳定性,并且化学兼容性好,不易氧化。

铂热电阻是精度最高的温度敏感元件。批量生产的铂热电阻量程可测量－200～650℃范围内的温度,精度可达到±0.1℃。作为标准的铂热电阻则可测量－200～1 000℃范围内的温度,精度可达±0.000 1℃。

绝大部分应用情况下,热电阻的温度敏感特性可视为线性,即 $R=R_0(1+\alpha t)$,t 为摄氏温度,α 为电阻温度系数:

$$\alpha=\frac{R_{100}-R_0}{100℃\times R_0} \tag{4-4}$$

其中,R_0 及 R_{100} 分别表示 0℃ 与 100℃ 下的电阻值。因此 α 的量纲为 $\Omega/(\Omega\cdot℃)$。

α 的数值很小,铂电阻的温度系数的数值约为 0.003 9。因此,要求测量电路具有较高的电阻测量精度。例如,对于 Pt100,由式(4-4),温度由 0℃ 变化到 100℃ 时,电阻值由 100 Ω 增加到 139 Ω。如欲达到 ±0.1℃ 的测量精度,则至少需要保证 ±0.039 Ω 的电阻测量精度。如此高的电阻测量精度要求,必须充分测量电路中的引线电阻等非理想因素的影响。

测量精度要求比较高时,需要考虑热电阻的非线性敏感特性。铂热电阻的温度敏感特性常用 Callendar-Van Dusen 公式表示:

$$R(t)=\begin{cases}R_0(1+\alpha t+\beta t^2), & t=0\sim 850℃\\ R_0(1+\alpha t+\beta t^2+\delta(t-100)^3), & t=-200\sim 0℃\end{cases} \tag{4-5}$$

与热电阻相比,热敏电阻尽管只是增加了一个汉字,却是完全不同的敏感元件。热敏电阻的英文名称为 Thermistor,是由金属氧化物制成的,且大部分为负温度敏感器件,即电阻值会随着温度上升而降低,因此也称为负温度系数电阻(negative temperature coefficient of resistance,NTC)。NTC 热敏电阻的产品类型很多。根据温度范围,大致可分为低温(－60～300℃)、中温(300～600℃)、高温(>600℃)三种。常用的 NTC 热敏电阻最高测量温度一般不会超过 350℃。

NTC 热敏电阻的温度敏感特性是非线性的,电阻值是温度的指数函数,即

$$R_T=R_{T_0}e^{B_n\left(\frac{1}{T}-\frac{1}{T_0}\right)} \tag{4-6}$$

其中,R_T、R_{T_0} 分别表示温度为 T、T_0 时的电阻值,B_n 为电阻材料决定的常数。注意式中温度的量纲是 K,因此用大写的"T"表示温度。

NTC 热敏电阻的灵敏度要远高于热电阻。阻值变化量大,对检测电路的要求不高,且元件制作成本低廉。利用 NTC 热敏电阻制作的温度计精度可以达到 ±0.1℃,响应时间可降到 10 s 以下,因此应用范围非常广泛。

正温度系数热敏电阻(positive temperature coefficient of resistance,PTC)的非线性程度要比 NTC 更显著(图 4-2),呈现近似的开关特性,因此一般用做开关元件,更多的则是用作电加热器件,如家用电蚊香的加热器,就是用 PTC 元件制作的。

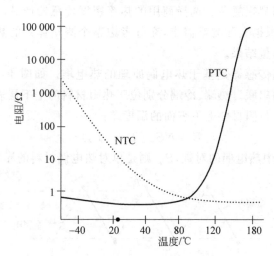

图 4-2　NTC 与 PTC 的温度敏感特性

4.1.3　热流的测量

通常我们所说的"热"实际上是热能的传递,这种传递的速率与功率的量纲相同,单位为 J/s＝W。单位面积的热传递称为"热流密度"或"热通量"(heat flux)。因此,热流密度可定义为"单位时间内,流出/流入表面单位面积的热量",单位为 W/m^2。

热流密度通常采用温度测量的方式进行间接测量。如图 4-3 所示,在待测物体表面布置一层厚度为 δ(单位:m)、热导率为 k(单位:W/(m·K))的热阻材料,在热阻材料的上下表面分别放置温度传感器,测量热传递达到稳态时的温度 T_1 与 T_2。表面垂直方向上的热流密度可根据温度差计算得到:

$$q = \frac{k}{\delta}(T_2 - T_1) = K(T_1 - T_2) = \frac{T_1 - T_2}{R} \tag{4-7}$$

其中,$R = \delta/k$,为热阻材料的热阻,单位为 $K·m^2/W$。

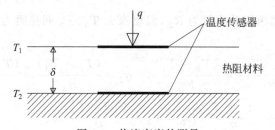

图 4-3　热流密度的测量

实际应用时,很难得到 δ 与 k 的准确数值,并且,在热阻材料与待测物体表面之间的界面,还会存在一个与粘贴工艺密切相关的等效热阻层。因此,热流密度传感器的标定与使用都很复杂。选择商用的热流密度传感器产品,不仅需要了解其敏感机理,还需要根据实际测量需求,充分考虑整个测量体系的热传递情况,才能得到比较理想的测量结果。

最常见的热流传感器是基于热电偶原理的热电堆。如图 4-4 所示,热电堆可视为多对热电偶的串联。热端、冷端分别位于热阻材料的上下层表面,因此热电堆的输出电压正比于热阻材料上下表面的温度差:

$$E = NS_T(T_1 - T_2) \tag{4-8}$$

其中,N 为热电堆中热电偶的对数,S_T 则是单对热电偶材料的泽贝克系数。

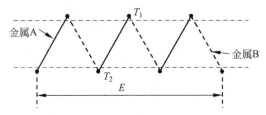

图 4-4　热电堆是多对热电偶的串联

借助其他形式的温度传感器,比如热电阻或热敏电阻,原则上也可实现热流的测量,但产品化的传感器尚不多见。文献报道中,这种原理的传感器一般不是用来测量热流密度,而是用来测量物体内部的温度(一般称为核心温度,core temperature)。如图 4-5 所示为人体核心体温测量系统。通过放置于皮肤表面的探头测量人体深层组织的温度 T_B。

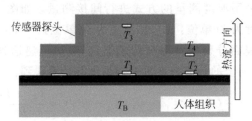

图 4-5　核心体温的测量

假定人体内部组织的热阻为 R_B,温度探头 T_1、T_3 间热阻为 R_1,T_2、T_4 间热阻为 R_2,则有:

$$q_1 = \frac{(T_1 - T_3)}{R_1} = \frac{(T_B - T_1)}{R_B}, \quad q_2 = \frac{(T_2 - T_4)}{R_2} = \frac{(T_B - T_2)}{R_B},$$

$$T_B = T_1 + \frac{(T_1 - T_3)}{R_1}R_B = T_2 + \frac{(T_2 - T_4)}{R_2}R_B$$

因此只要采用适当方法测量得到 $K = R_1/R_2$,即可计算得到核心体温 T_B 的测量结果:

$$T_B = T_1 + \frac{(T_1 - T_2)(T_1 - T_3)}{K(T_2 - T_4) - (T_1 - T_2)} \tag{4-9}$$

4.2　振动的测量

机械振动的测量有如图 4-6 所示的两种方式。一是通过测量振动工件表面与传感器探头之间相对运动产生的位移变化(图 4-6(a))；二是借助固定安装于待测工件表面的传感器，直接测量振动信号(图 4-6(b))。前者提取到的是位移变化信号，而后者则可测量振动位移、速度或加速度信号。

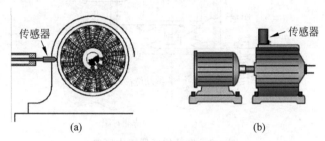

图 4-6　振动信号测量的两种方式
(a) 位移测量；(b) 振动测量

位移测量的传感器也可分为两种类型，一是接触式位移传感器，传感器探头直接与待测工件表面接触，振动导致的位移带动探头发生"伸缩"运动，实现振动信号的提取。由于存在机械接触，这种测量方式不仅容易出现探头磨损等问题，还会受限于"伸缩"运动所需机械弹性环节的谐振频率，一般只能测量低频率的振动信号。原则上所有类型的接触式位移传感器都可用来进行这种形式的振动测量，比较常用的是一种简称为 LVDT 的线性可变差动变压器(linear variable differential transformer)。有意思的是，由于这种传感器的中英文名称都很长，即使在中文文献中，也经常用英文缩写 LVDT 表示。

另外一种更为常见的位移测量方式则是非接触的。传感器敏感到的是待测表面与探头表面之间的"接近"距离，因此也称为接近觉传感器(proximity sensor)。由于传感器与待测表面之间不存在机械接触，传感器中没有了"伸缩"运动所需的机械弹性环节，可测量的频率范围仅取决于传感器本身的动态特性。常见的接近觉传感器包括电涡流式、电容式、光电式等。机场安检时常用的手持式金属探测器，就是一种电涡流式传感器。以平面线圈为敏感元件，通过测量探头附近金属物体接近导致线圈阻抗的变化，实现接近距离的探测。电容式传感器则是通过测量待测物体导致电容的变化量，实现接近距离的测量。一般来说，电涡流式传感器的量程为线圈直径的 $1/3 \sim 1/2$，电容式传感器的量程要比电涡流小，但灵敏度高，且响应速度快。光电式接近觉传感器的类型比较多，最常用的是激光测振仪。各方面的性能指标都比前两者高，但受限于光电检测原理，在成本及环境适应性方面存在明显不足，一般用来作为其他振动测量系统的对照基准，很少直接用于机械振动设备的振动测量。

通常所说的振动传感器是图 4-6(b)。由于这种传感器可直接布置于设备外壳上，因此应用非常广泛。这类传感器都可等效为图 4-7 所示的二阶"质量-弹簧-阻尼"系统。

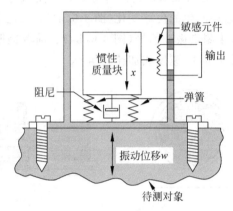

图 4-7 振动传感器工作原理

如图 4-7 所示，传感器直接敏感的是惯性质量块的位移 x 与外壳（与待测对象一起运动）振动位移 w 之差，即输出为 $y = w - x$ 的函数。根据牛顿定律：

$$m\ddot{y} + c\dot{y} + ky = -m\ddot{w} \tag{4-10}$$

其中，m 为惯性质量块的质量，c 为阻尼系数，k 为弹簧刚度。

拉普拉斯变换到频域，即 $ms^2 Y(s) + csY(s) + kY(s) = -ms^2 W(s)$。记 $\omega_0 = \sqrt{k/m}$，$c/(2\sqrt{km})$。如输出为位移 y，当输入分别为位移 w、速度 $v = \dot{w}$、加速度 $a = \ddot{w}$ 时，不难得到振动位移、速度、加速度传感器的传递函数：

位移：
$$H_{y/w} = \frac{Y(s)}{W(s)} = \frac{-s^2}{s^2 + 2\xi\omega_0 s + \omega_0^2} \tag{4-11}$$

速度：
$$H_{y/v} = \frac{Y(s)}{sW(s)} = \frac{-s}{s^2 + 2\xi\omega_0 s + \omega_0^2} \tag{4-12}$$

加速度：
$$H_{y/a} = \frac{Y(s)}{s^2 W(s)} = \frac{-1}{s^2 + 2\xi\omega_0 s + \omega_0^2} \tag{4-13}$$

在结构振动测量领域，图 4-7 中的敏感元件通常由线圈与永磁体组成，称为地震检波器或磁电式振动传感器。基于电磁感应原理，输出信号与速度 $\dot{y}$ 成正比，因此

位移：
$$H_{\dot{y}/w} = \frac{sY(s)}{W(s)} = \frac{-s^3}{s^2 + 2\xi\omega_0 s + \omega_0^2} \tag{4-14}$$

速度：
$$H_{\dot{y}/v} = \frac{sY(s)}{sW(s)} = \frac{-1}{s^2 + 2\xi\omega_0 s + \omega_0^2} \tag{4-15}$$

加速度：
$$H_{\dot{y}/a} = \frac{sY(s)}{s^2 W(s)} = \frac{-s}{s^2 + 2\xi\omega_0 s + \omega_0^2} \tag{4-16}$$

$\xi = 0.707$，即临界阻尼时，以上各种传感器传递函数的频率响应特性如图 4-8 所示。

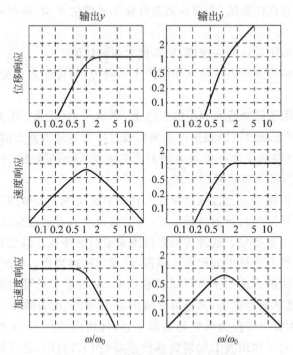

图 4-8　振动传感器的频率响应特性

显然，谐振频率 $\omega_0 = \sqrt{k/m}$ 决定了传感器的可用频率范围，是传感器最为重要的指标。尤其是对于图 4-8 左上图的位移传感器、右中图的速度传感器而言，低的 ω_0 意味着小的 k 值与大的质量块 m，ω_0 越低，制作难度越高。在石油探矿领域常用的磁电式振动传感器，谐振频率一般为 10 Hz。在后续电路中添加频响校正环节，可以将谐振频率降低到 0.5 Hz 甚至 0.1 Hz。由于 m 的增加以及 k 的减小都会带来机械结构设计上的困难，结构上很难设计出更低的谐振频率，一般采用称为力平衡(force-balance)的电路反馈方式实现。

4.3　力、扭矩及触觉测量

作用于物体上的力，可能导致两种结果：一是产生加速度，二是使物体发生形变。因此，力的测量有一个基本假设，即所测量的力不会产生加速度。换句话说，测量中的受力物体处于静力平衡状态，力的作用结果是使物体产生拉伸、压缩或剪切变形。因此，力的测量中，最基本的理论基础就是胡克定律。弹性形变是保证测量系统线性的基本条件，塑性形变则不仅会导致非线性，而且会出现很难补偿的滞后现象。

力的测量方法大致可分为如下几类。

（1）借助弹性元件，将待测力转换成弹性元件的形变或内部应变。

（2）借助一套杠杆系统，实现待测力与标准质量的平衡，通过质量读数得到力的测量值。

（3）测量已知质量块的加速度，反算出力的测量值。

（4）利用载流线圈和磁铁相互作用产生的磁力，与待测力平衡，通过电流测量得到力的测量值。

（5）将力作用于已知截面面积的流体上，产生压力（注意：压力就是物理中常说的压强，传感器领域没有压强这一术语），通过压力测量得到力的测量值。

因此，力传感器的设计需要考虑两方面的因素：一是敏感结构的几何或物理约束；二是将力转换为电信号的方式。

最常见的力传感器是通过测量弹性元件的形变实现的。敏感力的弹性元件将施加于其上的力转换为自身的机械形变（可达数微米），再通过应变片或压电元件，将机械形变转换为电信号。这种传感器可用来监测脉冲或连续变化的力。

生活中常见的电子秤中的称重传感器，就属于这种类型。如图 4-9（a）所示，由待测物品重量产生的力施加于悬臂梁的自由端，由布置于悬臂梁根部上下表面的应变片 1~4 组成惠斯通电桥，测量力导致的应变量，实现力的测量。图 4-9（b）所示的环式结构，则将力转换为弹性环的形变，同样由应变片 1~4 组成的电桥实现力的测量。如在力的作用线上安装位移传感器（如 LVDT），也可通过测量环式结

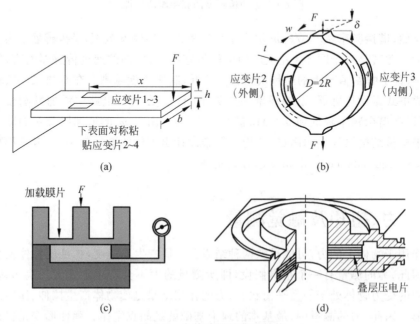

图 4-9　力传感器的典型结构

（a）悬臂梁式；（b）环式；（c）液压式；（d）压电式

构的形变实现力的测量(图中未显示)。图 4-9(c)的液压式称重传感器现在已经不是很常见。作用于加载膜片上的力 F 导致封闭空间内的流体压力产生变化,从而通过压力测量得到力的测量结果。图 4-9(d)的压电传感器,一般用于动态力的测量。安装在中间层部位的压电晶体,将受到的挤压力转换为电信号。一般采用多片压电片叠层的方式,以提高传感器的灵敏度。

扭矩测量的基本思路,与力的测量很相似,通过形变或应力/应变的测量得到测量结果。不同之处在于,扭矩测量一般是针对旋转轴的,形变体现为围绕旋转轴发生的角度改变。

图 4-10(a)中,采用粘贴于轴表面的应变片,通过扭矩导致的应变实现扭矩的测量。轴体为圆柱状,所以需要沿 45°角方向粘贴应变片。通过滑环与电刷与测量电路进行连接,以适应轴的旋转运动。图 4-10(b)中,采用前文介绍的接近觉传感器,通过测量两个齿盘的角度差,实现扭矩的测量。图 4-10(c)则利用了铁磁性材料对应力的磁敏感特性,通过绕轴放置的线圈检测磁导率的变化,实现信号的提取。图 4-10(d)也是利用磁场进行测量,需要在轴上安装一圈磁弹性材料,扭矩导致磁化方向发生改变,再用磁场传感器提取出扭矩信号。

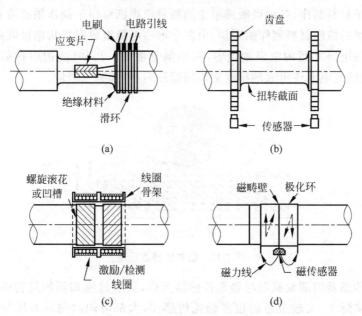

图 4-10 扭矩测量的典型方式
(a) 应变式;(b) 齿盘式;(c) 线圈式;(d) 磁场式

触觉传感器,可视为一种特殊形式的力传感器。伴随机器人技术的快速发展,模拟人体皮肤的触觉传感器也越来越受到重视。触觉可简单理解为皮肤受到触压等机械刺激时的感觉。英文中,关于触觉传感器的常用单词有三个,即 touch sensor,tactile sensor,slip sensor。在中文中,touch sensor 与 tactile sensor 往往统称为触觉传感器,但实际上还是有很大区别的。touch sensor 测量的是传感器与物体间单一接触点的力,因此一般称为接触力传感器。tactile sensor 则是用来测量传感器与物体间接触面的力及其空间分布情况,一般需要采用一组敏感元件组成敏感阵列,才能实现空间分布的测量,所以也有人称为压觉传感器。slip sensor 测量的是传感器与物体之间的相对滑动情况,中文称为滑觉传感器。

接触力传感器(touch sensor)的测量原理与力传感器几乎没有区别,只不过测量的是触压过程产生的力,接触力导致的一般是压缩形变。此外,测量过程中的接触点面积比较小,一般在 mm^2 的量级。量程通常也不会超过 10 N,力信号的带宽一般低于 100 Hz。比较特殊的要求主要是在环境适应能力方面,要求有比较好的抗过载能力,即在受到超过量程很大的作用力后,传感器还能够保持足以满足应用需求的性能。生活中最常见的接触力传感器就是接触开关,如电脑的键盘以及各种家用电器控制面板上的按键。

文献报道中的触觉传感器一般是指 tactile sensor。如图 4-11 所示,由布置于柔顺层下方的一组敏感元件组成敏感阵列,物体产生的触压力导致柔顺层的柔性材料发生形变,由敏感阵列的输出信号就可得到触压力的分布情况。柔顺层一般采用高分子材料制作,各种可敏感形变的测量原理都可用于制作敏感阵列。比如,由掺杂石墨的橡胶材料制作柔顺层,由多个敏感电极组成网格状电极阵列,就可通过测量两两电极之间的电阻或电容,实现触觉测量。再如,由透明材料制作柔顺层,则可借助光电元件组成的接近觉传感器阵列,实现触觉测量。

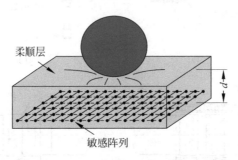

柔顺层

敏感阵列

图 4-11   触觉传感器原理

滑觉传感器的测量原理与触觉传感器类似,只不过感知到的是物体滑动导致的形变。实际上,文献报道的很多触觉传感器,大都可同时测量触压与滑动力的变化。

由于力与反作用力是同时出现的,触压不仅会导致触觉传感器发生形变,还会导致待测物体表面发生形变。因此,触觉传感器还有另一方面的应用,即通过测量触压力以及触压力导致待测物体的形变,感知待测物体表面的刚度(硬度)。

4.4　压力与流量的测量

2.3 节中已经提到过,在传感器领域中,是用"压力"这一术语表示流体的"压强"。因此,压力传感器所测量的是流体的压强。

压力是流体(液体或气体)在任意表面上单位面积施加的法向力。这里的"表面"可以是与流体接触的固体边界,也可以是为分析而绘制的假想平面。在确定压力时,只需考虑垂直于表面的力分量。压力的单位是帕(Pa)。工业检测中,Pa 这个单位太小,一般采用千帕(kPa)或兆帕(MPa)作为单位。

大部分压力传感器的工作原理都是类似的:利用弹性膜片作为中间介质,将气体或液体的压力转换为膜片的应力或变形,再将这种应力或变形转换成电信号输出。根据膜片两侧受到的压力情况,压力传感器可分为表压(gage pressure)、绝压(absolute pressure)、差压(differential pressure)等三种类型。

(1) 表压传感器。膜片一侧感受待测压力,另一侧则与环境大气相通,传感器输出为待测压力与环境大气压力之差。

(2) 绝压传感器。膜片一侧感受待测压力,另一侧则是理想真空(压力为零)环境。传感器输出为待测压力的绝对值。

(3) 差压传感器。膜片两侧分别感受压力 P_1 与 P_2,传感器输出为两者之差 $P = P_1 - P_2$。

流量是指单位时间内,流体通过指定横截面积的量。流体的"量"有两种计量方式,对应两种流量的定义。当流体的量用体积单位计量时,称为体积流量:

$$q_v = \frac{dV}{dt} = \bar{u}A \tag{4-17}$$

其中,q_v 为体积流量,V 为体积,t 为时间,$\bar{u}$ 为平均流速,A 为横截面的面积。

不难看出,对于横截面积均匀的管道,如果能够测量得到流速,也就可以计算出流量。因此,流速传感器往往也包含在流量传感器的范围内。

如果流体的量用质量单位计量时,称为质量流量:

$$q_m = \frac{dM}{dt} = \rho \bar{u}A \tag{4-18}$$

其中,q_m 为质量流量,M 为质量,ρ 为流体的密度。

显然,体积流量和质量流量之间存在换算关系:

$$q_m = \rho \bar{u}A = \rho q_v \tag{4-19}$$

两者相差一个流体密度值 ρ,而 ρ 是与温度、流体在管道中的分布情况等因素有关的,所以,在实际工业测量中,不能简单地用体积流量传感器替代质量流量传感器。

绝大部分的流量传感器所敏感的都是体积流量。如图 4-12 所示的节流孔板式流量传感器是一种经典的体积流量传感器。在管道中安装的节流孔板导致上下

游之间产生压力差 P_1-P_2，此压力差的大小与流体的体积流量成正比。因此，利用差压传感器测量此压力差，即可反算出体积流量。

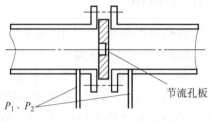

节流孔板

P_1、P_2

图 4-12 节流孔板式流量传感器

需要注意的是，这种体积流量的测量方法有一个基本假设，即管道内流体处于层流状态。因此，在安装传感器时，需要保证孔板上下游均有足够长的一段直管段，否则就会出现很大的测量误差。

实际上，几乎所有类型的流量传感器都对直管段有要求。直管段长度一般用管道直径的倍数定义。一般来说，传感器上游要求有不少于 10 倍管道直径的直管段，下游要求有不少于 5 倍直径的直管段。具体的直管段长度与传感器的类型有关，设计安装时应参照相关标准或产品说明书中的要求确定。

常用的质量流量传感器，只有一种类型，即科里奥利质量流量计，简称科氏流量计。科里奥利质量流量计由振动管与转换器组成。流体在振动管中流动时，会产生与质量流量成正比的科里奥利力，通过测量科里奥利力导致振动管的变形，就可以得到质量流量。

热式流量传感器，是通过温度测量实现的另外一种质量流量传感器。理论上讲，热式流量传感器可测量气体或液体的质量流速，但一般用于测量比较低的气体流速或流量。如图 4-13 所示，传感器由一只加热器与两只温度传感器组成。加热器引入的热量 Q 导致上下游温度不同，该温度差由管道内流体的质量流量决定。因此，可借助两只温度传感器实现质量流量的测量。

$$q_{\mathrm{m}} = \frac{KQ}{C_p(T_2 - T_1)} \tag{4-20}$$

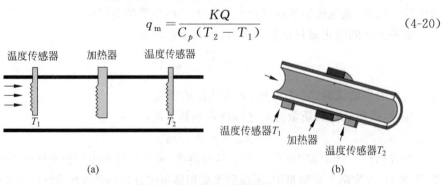

温度传感器   加热器   温度传感器

T_1 T_2

温度传感器T_1
加热器
温度传感器T_2

(a)   (b)

图 4-13 热式流量传感器
(a) 内置式；(b) 外置式

其中，K 为传感器结构决定的常数，C_p 则是由流体热特性决定的系数。

需要指出的是，式(4-20)并不是通用的计算公式。如图 4-13(b)的情况，q_m 的计算公式中可能需要添加一个与传感器结构有关的指数 α，即

$$q_m^\alpha = \frac{KQ}{C_p(T_2 - T_1)} \tag{4-21}$$

需要特别注意的是，量程比(turndown ratio)是流量传感器的一个非常重要的技术指标。一般来说，流量传感器的量程比不会超过 100∶1。

第5章

信号的采样与数字信号处理

现代测量系统中真正进行分析处理的信号,几乎都是数字信号。作为整个测量体系的核心部件,以 A/D 转换器(ADC)为起点的数据获取与处理系统,基本功能包括以下两部分:一是信号的采样,即在不丢失感兴趣信息的前提下,将传感器及信号调理电路输出的模拟信号 $x(t)$ 转换为离散的时间序列 $x(n)$;二是数字信号处理,即借助计算机的数据处理功能,对时间序列 $x(n)$ 进行运算,消减信号中不感兴趣的成分,以更好地突出信号中的感兴趣信息。

理想的 ADC 同样是线性非时变系统。常用的 A/D 转换技术是基于等时间间隔、等幅值间隔的。所谓等时间间隔,即两采样点之间的时间间隔严格相等。采样定理定义了最低采样频率。满足采样定理的采样结果,可由采样得到的 $x(n)$ 准确重构出原始的模拟信号 $x(t)$。压缩采样中的采样时间间隔则是随机的,只有信号满足规定的稀疏条件时,才可由采样结果准确重构出原始的模拟信号。

数字信号处理是对 $x(n)$ 的再加工。常用的数字滤波器是因果的线性非移变系统,建立在等幅值间隔的 A/D 转换基础之上,即 $x(n)$ 的数值变化"1"所对应的模拟电压信号变化量 ΔV 是严格相等的。实际应用中,也可采用不等幅值间隔的方式,将模拟电压信号转换为数字形式。例如,符号化时间序列分析中所处理的信号,原始信号的幅值间隔就不是相等的。

5.1 实用中的采样定理

理想的 ADC 是线性非时变系统。在第 2 章中曾经介绍过,卷积与乘积运算在时域与频域中是"对称"存在的——时域中烦琐的卷积运算,变换到频域中则是简单的乘积运算。反过来,时域的乘积运算,变换到频域中时则会成为卷积运算。

如图 5-1 所示,对模拟信号 $x(t)$ 进行等时间间隔采样,相当于用时间间隔为 $T_s = 1/f_s$ 的一串脉冲 $\left[\text{即狄拉克梳状函数} \sum_{n=-\infty}^{+\infty} \delta(t-nT_s)\right]$ 与 $x(t)$ 相乘,T_s 为采样周期,f_s 为采样频率。

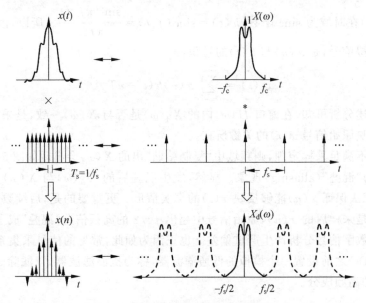

图 5-1　时域的采样相当于频域的卷积

$$x(n) = x(t) \sum_{n=-\infty}^{+\infty} \delta(t - nT_s) \tag{5-1}$$

狄拉克梳状函数变换到频域后,同样是一串频率间隔为 f_s 的脉冲 $\left(\dfrac{2\pi}{T_s} \sum_{k=-\infty}^{+\infty} \delta(\omega - k\omega_s) \right)$,其中 $\omega_s = 2\pi f_s$。因此,采样的频域表达是 $X(\omega)$ 与狄拉克梳状函数的卷积,即:

$$X_d(\omega) = \frac{1}{2\pi} X(\omega) * \left[\frac{2\pi}{T_s} \sum_{k=-\infty}^{+\infty} \delta(f - kf_s) \right] \tag{5-2}$$

在频域的卷积运算,相当于将 $X(\omega)$ "复制粘贴"到以每个频域脉冲为中心的位置。当模拟信号 $x(t)$ 的频率成分限制在图中所示区域,即 $f_c < f_s/2$ 时,采样信号的频率特性 $X_d(\omega)$ 与 $X(\omega)$ 完全相同,因此可由 $x(n)$ 恢复得到原始信号 $x(t)$。这就是采样定理的直观解释。采样定理的定义为:

设 $x(t)$ 为有限带宽信号,当 $f > f_c$ 时,$X(\omega) = X(2\pi f) = 0$,则当采样频率 $f_s > 2f_c$ 时,$x(t)$ 就唯一地由 $x(n)$ 所确定。这里的 f_c 称为奈奎斯特频率。

由 $x(n)$ 恢复原始的模拟信号 $x(t)$,相当于将图 5-1 中介于 $\pm f_s/2$ 之间的部分转换到时域,即将 $X_d(\omega)$ 乘以一个理想的低通滤波器 $H(\omega)$,

$$X_r(\omega) = X_d(\omega) H(\omega) \tag{5-3}$$

其中,

$$H(\omega) = \begin{cases} 1, & -\pi f_s < \omega < \pi f_s \\ 0, & \text{其他} \end{cases}$$

$H(\omega)$ 在时域为 sinc 函数，$h(t) = \text{sinc}(f_s t) = \dfrac{\sin(\pi f_s t)}{\pi f_s t}$。所以，由 $x(n)$ 恢复出的模拟信号，是 $x(n)$ 与 $h(t)$ 的卷积：

$$x_r(t) = \sum_{n=-\infty}^{+\infty} x(n) h(t - nT_s) \tag{5-4}$$

由上述分析可知，在窗口 $H(\omega)$ 内的 $X_d(\omega)$ 是否与 $X(\omega)$ 一致，是采样结果能否真实反映原始信号 $x(t)$ 的关键所在。

如果不满足采样定理，则频域中"复制粘贴"出的 $X(\omega)$ 会出现如图 5-2 的相互交叠，称为"混叠"(aliasing)现象。显然，发生混叠后的 $X_d(\omega)$ 与 $X(\omega)$ 是不一样的，也就无法保证 $x(n)$ 能够反映 $x(t)$ 的真实情形。更重要的是，后续数字信号处理的对象是采样后的 $x(n)$，原始信号中超出 $f_s/2$ 的高频信息"混叠"成了低频，无疑会导致数字信号分析产生严重偏差。也正因为如此，常见的信号采集系统中，一般会在 ADC 之前设置一个模拟的低通滤波器，称为抗混滤波器，以滤除 $x(t)$ 中超出 $f_s/2$ 的高频成分。

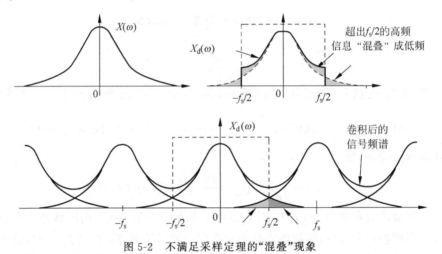

图 5-2 不满足采样定理的"混叠"现象

需要注意的是，满足采样定理的采样结果，只能保证 $x(n)$ 能够保留原始信号 $x(t)$ 中的信息。或者说，只能保证可以由 $x(n)$ 恢复出原始信号 $x(t)$ 的波形，但并不能保证连接 $x(n)$ 的包络线"像"$x(t)$。那么，多高的采样频率才能使得采集到的信号看起来"像"原始信号？一般情况下，5 倍以上就差不多了，10 倍以上区别很小。所以很多教材中给出的建议才是"5 到 10 倍"。

图 5-3 经常被用来解释采样中的混叠现象。频率为 $f_0 = 90$ Hz 的正弦信号，用 $f_s = 100$ Hz 的采样频率进行采样。由于不满足采样定理，原始信号中的 90 Hz 会混叠到 $f_s - f_0 = 10$ Hz 的位置。因此，仅从采集到的 $x(n)$ 本身，无法判断该信号究竟是来自真实的 90 Hz 正弦信号，还是来自 10 Hz 的正弦信号，即出现了混叠现象。

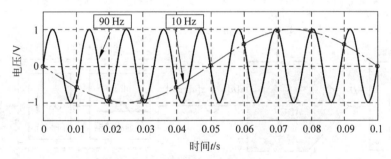

图 5-3　单频率正弦信号的欠采样

　　然而,换一个角度来看,图 5-3 中的 $x(n)$ 依然保留了原始信号的正弦变化规律。假定已经预先知道在原始信号 $x(t)$ 中不存在 10 Hz 的信号,则可以确定该信号是来自 90 Hz 的正弦信号。实际上,如图 5-4 所示,如果原始信号为带宽很窄的限带信号(图中灰色实心三角),则即使采样频率不满足采样定理,混叠到低频(空心三角)后,依然保留有原始信号的信息。因此也可以由采样结果恢复出原始信号。这种采样频率低于 $x(t)$ 中最高频率成分 2 倍的采样方式,一般称为欠采样,也称为带通采样(band pass sampling)或谐波采样(harmonic sampling)。显然,欠采样对采样频率依然是有要求的。原始信号的带宽为 B,则至少要求 $f_s > 2B$。

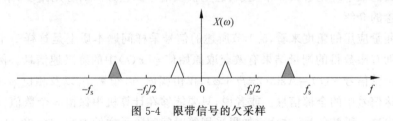

图 5-4　限带信号的欠采样

　　欠采样允许使用比较低的采样频率实现高频信号的采样,对 ADC 的转换速度要求不高,因此常用于一些高频窄带信号的采样,尤其是数十 MHz 的信号采集。

　　类似地,对于一些周期性信号的采集,也可用等效时间采样的方式,借助低速 ADC 实现高速信号的采集(参见本章最后的二维码链接 5-1 等效时间采样原理)。

　　欠采样技术的关注点,是如何用低的采样频率采集高速信号。过采样(oversampling)技术关注的则是 ADC 的分辨率,即如何借助高速采样提高 ADC 的分辨率。

　　如图 5-5 所示,过采样以远高于奈奎斯特频率的采样频率进行采样,对采集到的 $x(n)$ 进行均值运算后,输出低采样率的时间序列(相当于降采样)。因此,过采样可视为一种以速度换分辨率的信号采样技术。牺牲采样频率换取高的 ADC 分辨率。希望增加的分辨率位数 w 可由下式计算(参见本章最后的二维码链接 5-2 过采样原理):

$$f_{OS} = 4^w \cdot f_B \tag{5-5}$$

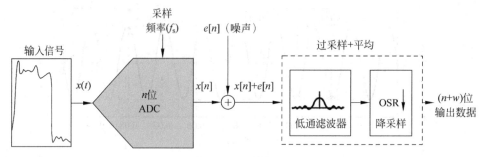

图 5-5 过采样原理

即 ADC 每增加 1 位的分辨率,需要以 4 倍的采样频率进行过采样。所以,过采样技术经常用在一些低速信号的测量场合。例如,称重系统中经常用到的 Σ-Δ 采样,就是一种过采样。

5.2 压缩采样

压缩采样的概念,最早出现于 Candès 等人 2006 年发表的一篇文章。与压缩采样相关的数学理论公式非常复杂,这里仅从信号测量方面的应用角度,给出一些基本概念的介绍。

从测量应用的角度来看,5.1 节所述的信号采样问题本质上是这样一个问题:如何借助有限数目的测量结果有效获取原始信号 $x(t)$ 中的感兴趣信息。例如,单频率的正弦信号 $x(t) = A\sin(2\pi ft + \varphi)$,仅由幅值 A,频率 f,以及相位 φ,即可完整地表达信号中的全部信息。或者说,只要能够在计算机中保留 3 个数值,就可精确重构出这一正弦信号。然而,如果采用等时间间隔采样的方式,$f = 30$ Hz 时,即使采用 2 倍采样频率(注:此时并不满足采样定理),连续采集 10 s 时长的信号,也会产生 600 个测量数值。仅需要 3 个数值即可确定的正弦信号,为什么要如此多的采样点? 就是压缩采样需要解决的基本问题。

顾名思义,压缩采样包括了两部分内容,一是对原始信号的采样,二是对采样结果的压缩。如果先对信号进行采样,然后再根据采样结果计算得到幅值、频率、相位,就可将信号中的信息转换为 3 个数值。这就是信号"采样+压缩"的传统操作方式。显然,如果能找到某种方法,保证在采样过程中就考虑到数据的压缩问题,就可有效减少采样过程中产生的中间数据量。

考虑这样一个类似童话中的情形。一位爱睡觉的看门人,每隔 10 分钟醒来一次,入侵者就可能在这 10 分钟内进入大门而不被抓到。然而,如果这位看门人每次醒来的时间间隔是随机的,则入侵者如果想进入大门,就会有很大概率被抓到。

与此类似,由等时间间隔采样,变换为随机时间间隔采样,是压缩采样的核心要点。因此,借助图 5-6 中的例子,可对压缩采样有更直观的理解。

图 5-6 中,左图为传统的等时间间隔采样(不满足采样定理)。由于采样时间间隔相等,基于傅里叶变换的信号恢复算法是精准的解析公式,12 个采样点上采样得到的 $x(n)$ 所对应的信号,既可能是低频率的正弦信号,也可能是高频率的正弦信号,即出现了混叠现象。相比之下,右侧的采样点时间间隔是随机分布的。因此,如果事先知道原始信号中仅有 1 个正弦频率,则由 11 个采样数值恢复出原始的高频信号,就是大概率事件。

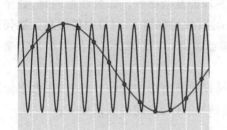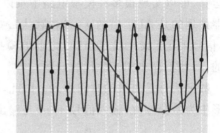

图 5-6　压缩采样的直观解释

显然,从压缩采样结果中准确恢复出原始信号,需要满足一个重要的前提:能够表达原始信号中信息的参数数目是有限的。如图 5-6 的例子,原始信号中只有 1 个单一频率的正弦信号,将这一信号变换到傅里叶变换域中,只有 1 个频率处有非零值。这种在变换域中只存在有限个非零值的信号,就叫作稀疏信号。变换域可以是傅里叶变换域,也可以是如小波等其他变换的变换域。

所以,压缩采样的前提是:原始信号在某个变换域是稀疏的。相应地,压缩采样可简单理解为如下过程:

(1) 已知信号 $x(t)$ 是 K 稀疏的,即变换域中的 $\hat{x}$ 仅有 K 个非零值;

(2) 随机选取 M 个采样时间点 $\{t_m\}_{m=1}^M$,$M \geqslant C \cdot K \cdot \ln(N)$;

(3) 采样得到 M 个采样值 $y_m = x(t_m)$;

(4) 求解 $\min_{x} \| \hat{x} \|_{l_1}$ s. t. $x(t_m) = y_m$,$m = 1, 2, \cdots, M$,得到的解大概率是原始信号 $x(t)$ 的精准重构。

图 5-6 的单频信号,如果运气好的话,3 个采样点就可以保证从采样结果中恢复出原始信号。当然,如果运气不好的话,11 个采样点可能都落在过零点,就无法恢复出原始信号。

因此,压缩采样中有两个关键词:一是随机,即测量点是随机选取的。二是概率,即信号重构的不是 100%,而是有一定概率的。

更多关于压缩采样工作原理的分析,可参见本章最后的二维码链接 5-3 压缩采样的原理。

5.3　数字滤波器

与模拟滤波器类似,常见的数字滤波器是线性非时变系统。由于这里的时间变量是离散的采样时刻,所以一般称为线性非移变系统。所以,数字滤波器处理的 $x(n)$,默认是 $x(t)$ 经等时间间隔、等幅值间隔 ADC 的采样结果。

与采用模拟电路器件构建的模拟滤波器相比,数字滤波器只是对 $x(n)$ 进行数学运算,可以实现很多在模拟电路中难以实现的复杂滤波。需要注意的是,数字滤波器处理的是 ADC 后的 $x(n)$,"默认" $x(n)$ 有效地保留了 $x(t)$ 中的信息。换句话说,信号采集系统中位于 ADC 之前的模拟滤波器,与数字滤波器的作用是完全不同的,因此不存在相互替代的问题。

数字信号是离散的时间序列。因此,模拟滤波情形中的微分方程,在数字滤波情形中为差分方程,输入信号 $x(n)$ 与输出信号 $y(n)$ 之间的关系如下:

$$\sum_{k=0}^{N} a_k y(n-k) = \sum_{k=0}^{M} b_k x(n-k) \tag{5-6}$$

相应地,在模拟滤波情形中的拉普拉斯变换,在数字滤波情形中为 Z-变换:

$$\left(\sum_{k=0}^{N} a_k z^{-k}\right) Y(z) = \left(\sum_{k=0}^{M} b_k z^{-k}\right) X(z) \tag{5-7}$$

考虑信号的采样过程。采样周期 T_s 下,对 $x(t)$ 采样得到的信号为:

$$x(n) = \sum_{n=-\infty}^{+\infty} x(nT_s)\delta(t - nT_s) \tag{5-8}$$

利用傅里叶变换,变换到频域中,

$$
\begin{aligned}
X(\mathrm{j}\omega) &= \int_{-\infty}^{+\infty} \left[\sum_{n=-\infty}^{+\infty} x(nT_s)\delta(t - nT_s)\right] \mathrm{e}^{-\mathrm{j}\omega t}\,\mathrm{d}t \\
&= \sum_{n=-\infty}^{+\infty} x(nT_s) \int_{-\infty}^{+\infty} \delta(t - nT_s)\mathrm{e}^{-\mathrm{j}\omega t}\,\mathrm{d}t \\
&= \sum_{n=-\infty}^{+\infty} x(nT_s)\mathrm{e}^{-\mathrm{j}\omega T_s}
\end{aligned}
$$

定义 $z = \mathrm{e}^{-\mathrm{j}\omega T_s}$,即得到用于表示 $x(n)$ 频域特性的 Z-变换式:

$$X(z) = \sum_{n=-\infty}^{+\infty} x(n)z^{-n} \tag{5-9}$$

记 $\Omega = \omega T_s = 2\pi f T_s$,可以发现,由于增加了一个采样周期 T_s,数字系统中的频率量纲不再是 Hz,而是弧度(rad)。实际上,采样后信号频谱是以 nf_s 为中心的周期性"复制粘贴",$x(n)$ 的频域特性是以 2π 为周期的周期性延拓。因此,数字滤波器的设计仅需考虑 $\pm\pi$ 的范围。

根据滤波器中是否存在反馈环节,数字滤波器可分为图 5-7 所示的两种类型。图 5-7(a)的数字滤波器中存在反馈环节,称为递归滤波器。输出与输入之间的关系为:

$$y(n) = \sum_{k=0}^{M} a_k x(n-k) - \sum_{k=0}^{L} b_k y(n-k) \tag{5-10}$$

图 5-7(b)的数字滤波器中,则不存在反馈环节,称为非递归滤波器:

$$y(n) = \sum_{k=0}^{N} a_k x(n-k) \tag{5-11}$$

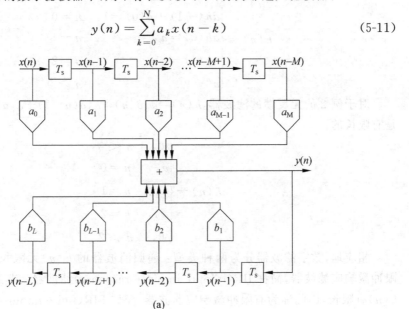

(a)

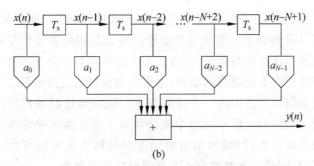

(b)

图 5-7　数字滤波器的两种类型

(a) 有反馈环节的数字滤波器;(b) 无反馈环节的数字滤波器

显然,图 5-7(b)的数字滤波器,由于不存在反馈环节,因此天生就是稳定的。

对信号 $x(n)$ 进行数字滤波,相当于让 $x(n)$ 通过数字滤波器。因此,在时域中是卷积运算,在频域中则是乘积运算。设数字滤波器的冲激响应函数为 $h(n)$,考虑如下两个简单的例子:

例 1　有反馈的滤波器,$y(n) = a y(n-1) + x(n)$

例 2 无反馈的滤波器,$y(n) = a_0 x(n) + a_1 x(n-1) + a_2 x(n-2)$

用 $\delta(n-k)$ 替代差分方程中的 $x(n-k)$,$h(n-k)$ 替代 $y(n-k)$,即可得到滤波器的单位冲激响应 $h(n)$:

对于例 1 的有反馈的滤波器,$h(n) = ah(n-1) + \delta(n)$,单位冲激响应 $h(n)$ 是无限长的,

$$h(n) = \begin{cases} 0, & n < 0 \\ ah(-1) + \delta(0) = 1, & n = 0 \\ ah(0) = a, & n = 1 \\ ah(1) = a^2, & n = 2 \\ a^n, & n \geqslant 0 \end{cases}$$

对于例 2 的无反馈的滤波器,$h(n) = a_0 \delta(n) + a_1 \delta(n-1) + a_2 \delta(n-2)$,$h(n)$ 是有限长的,

$$h(n) = \begin{cases} 0, & n < 0 \\ a_0, & n = 0 \\ a_1, & n = 1 \\ a_2, & n = 2 \\ 0, & n > 2 \end{cases}$$

相应地,数字滤波器分为两种类型:递归滤波器的 $h(n)$ 无限长,因此称为无限冲激响应滤波器,简称 IIR(infinite impulse response)滤波器。非递归滤波器的 $h(n)$ 有限长,因此称为有限冲激响应滤波器,简称 FIR(finite impulse response)滤波器。

FIR 滤波器不仅天生稳定,而且很容易实现线性相位,因此在实际中更为常见。相比之下,IIR 滤波器尽管需要考虑稳定性以及相位非线性等问题,但实现相同高频滚降需要的滤波阶数较低,计算过程中对内存与计算量的要求不高,因此在一些对相位特性要求不是很高的场合,也可获得很好的应用效果。

线性相位是信号滤波中的一个重要概念。信号通过滤波器后,幅值与相位均可能发生改变。如果输入信号的频率成分均处于滤波器的通带范围内,滤波器的相位特性如果是线性的,则输出信号会完美保持输入信号的波形,而不会发生畸变,即实现不失真测量。下面给出不失真测量的直观解释:

在滤波器通带范围内,对所有频率成分的增益是相同的,线性滤波器的传递函数可写为:

$$H(\omega) = \frac{Y(\omega)}{X(\omega)} = H_0 e^{-jk\omega} \tag{5-12}$$

其中,H_0 及 k 为常数。因此,

$$Y(\omega) = H_0 e^{-jk\omega} X(\omega) \tag{5-13}$$

变换到时域,即可得到输入输出之间的关系:

$$y(t) = H_0 x(t - k) \tag{5-14}$$

显然，与输入信号相比，输出信号仅仅是幅值增加了 H_0，时间延迟了 k，但信号的波形不会发生改变。

可以证明，当 FIR 滤波器的单位冲激响应 $h(n)$ 满足对称条件时，相位特性天生就是线性的。根据 $h(n)$ 的对称情况，FIR 滤波器有 4 种类型，如图 5-8 所示。4 种类型的滤波器均可实现线性相位，不同之处在于幅频响应以及初始相位。

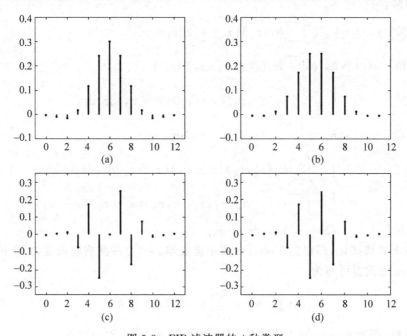

图 5-8　FIR 滤波器的 4 种类型

(a) Type-Ⅰ，奇数对称；(b) Type-Ⅱ，偶数对称；(c) Type-Ⅲ，奇数反对称；(d) Type-Ⅳ，偶数反对称

5.4　数字信号的非线性处理

数字信号处理的目标，是通过对采样得到的数字信号 $x(n)$ 进行"再加工"，抑制不感兴趣的信号成分，以突出感兴趣的信号成分。从这一角度来看，所有针对时间序列 $x(n)$ 的运算，不论是否满足线性移不变条件，均可视为一种数字滤波器。

与线性移不变数字滤波器不同，对数字信号的非线性处理，往往是针对一些特殊应用需求专门设计的算法。这类算法种类繁多，也缺少比较通用的设计理论。

在非线性数字信号处理中，以意大利数学家 Vito Volterra 的名字命名的 Volterra 系统，是经常用到的系统模型。

考虑一维信号 $x(t)$ 通过某系统（未必是线性非时变系统），如果在时刻 $t_i = -\infty$，$+\infty$，$i = 1, 2, \cdots, n$，定义 n 个表达系统特性的实数参数 $h_n(t_1, t_2, \cdots, t_n)$，且 $t_i < 0$ 时，$h_n(t_1, t_2, \cdots, t_n) = 0$ 以保证系统的因果性，则系统输入输出之间的函数关系可

表达为：

$$y(t)=\int_{-\infty}^{+\infty}\int_{-\infty}^{+\infty}\cdots\int_{-\infty}^{+\infty}h_n(\tau_1,\tau_2,\cdots,\tau_n)(x-\tau_1)(x-\tau_2)\cdots(x-\tau_n)\mathrm{d}\tau_1\mathrm{d}\tau_2\cdots\mathrm{d}\tau_n$$

$$(5\text{-}15)$$

特别地，当 $n=0$ 时，$h_n=h_0$ 为常数。式(5-15)可用来表达不同非线性程度的系统特性，即 Volterra 滤波器：

零阶：$y(t)=h_0$

1 阶：$y(t)=h_0+\int_{-\infty}^{+\infty}h_1(\tau_1)(x-\tau_1)\mathrm{d}\tau_1$

2 阶：$y(t)=h_0+\int_{-\infty}^{+\infty}h_1(\tau_1)(x-\tau_1)\mathrm{d}\tau_1+$

$\int_{-\infty}^{+\infty}\int_{-\infty}^{+\infty}h_2(\tau_1,\tau_2)(x-\tau_1)(x-\tau_2)\mathrm{d}\tau_1\mathrm{d}\tau_2$

n 阶：$y(t)=h_0+\int_{-\infty}^{+\infty}h_1(\tau_1)(x-\tau_1)\mathrm{d}\tau_1+$

$\int_{-\infty}^{+\infty}\int_{-\infty}^{+\infty}h_2(\tau_1,\tau_2)(x-\tau_1)(x-\tau_2)\mathrm{d}\tau_1\mathrm{d}\tau_2+\cdots+$

$\int_{-\infty}^{+\infty}\int_{-\infty}^{+\infty}\cdots\int_{-\infty}^{+\infty}h_n(\tau_1,\tau_2,\cdots,\tau_n)(x-\tau_1)(x-\tau_2)\cdots$

$(x-\tau_n)\mathrm{d}\tau_1\mathrm{d}\tau_2\cdots\mathrm{d}\tau_n$

将上式离散化，即得到 Volterra 数字滤波器。单位冲激响应长度为 M 的 1 阶 Volterra 滤波器可写为：

$$y(n)=h_0+\sum_{k_1=0}^{M-1}h_1(k_1)x(n-k_1)\qquad(5\text{-}16)$$

显然，如果 $h_0=0$，则上式就是 FIR 滤波器。如图 5-9(a)所示。

类似地，2 阶 Volterra 滤波器可写为：

$$y(n)=h_0+\sum_{k_1=0}^{M-1}h_1(k_1)x(n-k_1)+\sum_{k_1=0}^{M-1}\sum_{k_2=0}^{M-1}h_2(k_1,k_2)x(n-k_1)x(n-k_2)$$

$$(5\text{-}17)$$

图 5-9(b)所示的 2 阶 Volterra 滤波器，在结构上与线性滤波器很相似，不同之处在于增加了乘法器环节，滤波器也因此具有了非线性特性。

作为一个特例，如选取 $M=3$，

$$h_2(k_1,k_2)=\begin{cases}-1,& k_1=0,k_2=2\\ 1,& k_1=1,k_2=1\\ 0,& \text{其他}\end{cases}\qquad(5\text{-}18)$$

则系统方程为 $y(n)=x^2(n-1)-x(n)x(n-2)$。如果不考虑因果性，可定义非线性系统：

$$\Psi_\mathrm{d}[x(n)]=x^2(n)-x(n-1)x(n+1)\qquad(5\text{-}19)$$

可以证明，对于单频率正弦信号 $x(n)=A\cos(\omega n+\varphi_0)$，$\Psi_\mathrm{d}[x(n)]\approx A^2\omega^2$，

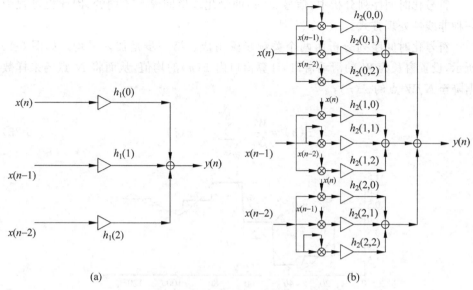

图 5-9　$M=3$ 时的 Volterra 滤波器

(a) 1 阶线性滤波器；(b) 2 阶非线性滤波器

由式(5-19)计算得到的是信号在三个采样时刻内的能量。因此式(5-18)是一种能量算子，称为 Teager-Kaiser 能量算子，简写为 TKEO(Teager-Kaiser energy operator)。更一般地，将式中的时间延迟拓展为 k，则 TKEO 可表达为：

$$\Psi_d[x(n)]=x^2(n)-x(n-k)x(n+k) \tag{5-20}$$

由于 TKEO 反映了信号在局部时间段内的能量，因此非常适合信号中具有局部能量集中性质的尖峰信号检出。此外，利用 TKEO 还可实现非平稳信号中即时幅值、即时频率的检测(参见本章最后的二维码链接 5-4 TKEO 算子在信号检测方面的应用)。检测公式为：

即时频率：$$\mathrm{IF}(n)=\frac{f_s}{2\pi}\arccos\left\{1-\frac{\Psi_d[x(n)]+\Psi_d[y(n-1)]}{4\Psi_d[x(n)]}\right\} \tag{5-21}$$

即时幅值：$$|\mathrm{IA}(n)|=\sqrt{\frac{\Psi_d[x(n)]}{1-\left(\dfrac{\Psi_d[x(n)]+\Psi_d[y(n-1)]}{4\Psi_d[x(n)]}\right)^2}} \tag{5-22}$$

其中，$y(n)=x(n)-x(n-1)$，$y(n+1)=x(n+1)-x(n)$。

如果从数值计算的角度来看，线性滤波器是对 $x(n)$ 的线性加权和，而非线性滤波器则由于添加了 $x(n)$ 的高阶乘方项，因此处理方式对 $x(n)$ 的数值大小是敏感的。例如，按照线性计算公式 $y(n)=2x(n)$，$x(n)$ 由 1.01 变化到 1.05，与 2.01 变换到 2.05，对应相同的 $x(n)$ 数值变化，输出 $y(n)$ 的变化量是相同的，都是 0.10。然而，如果是非线性的 $y(n)=x^2(n)$，则输出变化量分别为 0.824 与 0.162 4。

符号化时间序列分析中,信号 $x(n)$ 的量化取值间隔是不同的,因此也可视为一种非线性处理方式。

符号化时间序列分析由两个关键步骤组成。第一步是加窗平均。如图 5-10 所示,设置窗长为 W 的滑动窗口,计算窗口内 $x(n)$ 的均值,从而将 N 点的采样数据降至 N/W 点的 $\bar{x}(n)$,

$$\bar{x}(n) = \frac{W}{N} \sum_{j=\frac{N}{W}(n-1)+1}^{\frac{N}{W}^n} x(j) \tag{5-23}$$

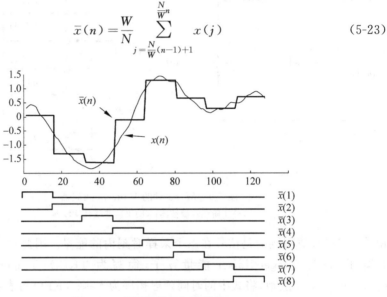

图 5-10　时间序列的加窗平均

第二步是对幅值进行符号化转换。根据信号幅值的分布情况,设置转换对照表,将用数值表示的 $\bar{x}(n)$ 转换为用符号表示的序列。转换对照表可根据信号本身的特点以及具体分析目标进行设置。例如,信号本身符合高斯分布时,根据所需符号的数目 $\alpha = 3,4,5,\cdots$,可设置如表 5-1 所示的量化转换台阶 β_i。将每一个 $\bar{x}(n)$ 数值与表中的数据进行比对,即可得到符号化转换后的时间序列 $\hat{x}(n)$。例如,$\alpha = 3$ 时,根据对照表,可定义 $\alpha_1 = a$,$\alpha_2 = b$,$\alpha_3 = c$,$\bar{x}(n) \leqslant \beta_2 = -0.43$ 时,$\hat{x}(n) = \alpha_1 = a$;$-0.43 = \beta_2 < \bar{x}(n) \leqslant \beta_1 = 0.43$ 时,$\hat{x}(n) = \alpha_2 = b$;$\bar{x}(n) > \beta_1 = 0.43$ 时,$\hat{x}(n) = \alpha_3 = c$。即可实现如图 5-11 所示的符号化转换。

表 5-1　符号化转换对照表

β_i	α							
	3	4	5	6	7	8	9	10
β_1	-0.43	-0.67	-0.84	-0.97	-1.07	-1.15	-1.22	-1.28
β_2	0.43	0	-0.25	-0.43	-0.57	-0.67	-0.76	-0.84
β_3		0.67	0.25	0	-0.18	-0.32	-0.43	-0.52
β_4			0.84	0.43	0.18	0	-0.14	-0.25

续表

β_i	α							
	3	4	5	6	7	8	9	10
β_5				0.97	0.57	0.32	0.14	0
β_6					1.07	0.67	0.43	0.25
β_7						1.15	0.76	0.52
β_8							1.22	0.84
β_9								1.28

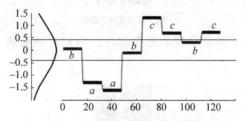

图 5-11　时间序列的符号化转换

　　显然,与原始时间序列 $x(n)$ 相比,符号化转换后得到的 $\hat{x}(n)$ 有两方面的改变。一是数据的维度由 N 降低到了 N/W,不仅降低了数据总量,而且可平滑掉原始信号中的高频噪声。二是两相邻 α_i 之间的幅值差不再是等间隔的,因此 $\hat{x}(n)$ 可更好地反映信号的统计变化规律。

　　符号化时间序列分析,很适合用来比对两段时间序列片段的"相似程度"。将浮点数表达的时间序列 $x(n)$ 转换为符号序列,两时间序列片段间的相似程度,就可直接用符号比对的方式进行,而不需要浮点数运算。因此,符号化时间序列分析的一个重要特点,是可以用很少的运算量得到两片段之间相似程度的比对结果。因此,如需要发现很长(N 很大)的时间序列中是否存在重复性的"片段",或者需要对时间序列片段进行聚类分析,符号化时间序列分析是一种非常有效的计算手段(参见本章最后的二维码链接 5-5 符号化时间序列分析)。

本章相关链接

5-1　等效时间采样原理

　　内容要点:高速周期性信号,可以借助等效时间采样的手段,用低速 ADC 实现。

5-2 过采样原理

内容要点：ADC 每增加 1 位的分辨率，需要以 4 倍的采样频率进行过采样。

5-3 压缩采样的原理

内容要点：给出了压缩采样的原理解释。典型时域稀疏、频域稀疏信号压缩采样的 Matlab 代码。

5-4 TKEO 算子在信号检测方面的应用

内容要点：介绍了 Teager-Kaiser energy operator 算子在尖峰信号检测以及瞬时频率、瞬时幅值检测方面的应用。

5-5 符号化时间序列分析

内容要点：借助符号化时间序列分析，比对两段时间序列片段的"相似程度"。

第6章

工业物联网与信息物理系统

传感器作为工业自动化系统的关键部件,在制造业中发挥了重要作用,但这种作用一直在很大程度上受到系统噪声、信号衰减和动力学响应等问题的制约。借助嵌入式系统的本地计算能力,将传感器由传统形式的信号获取器件,转变为有数据处理乃至信息提取能力的智能传感器,不仅能在传感器模块内对测量数据进行复杂的本地运算,还可进一步利用物联网(internet of things,IoT)的集成能力,实现多信号源的协同整合,从而更好地获取待测对象的信息。随着传感器性能的提高,传感器的物理尺寸也变得非常小,可以非常灵活地部署到需要监测的现场设备中,将笨重的机器变成互联网中的一个简单部件。传感和信号处理功能的融合重新定义了传感器的前景。工业物联网(industrial internet of things,IIoT),以及涵盖更为广泛的信息物理系统(cyber-physical systems,CPS),也因此成为工业 4.0 时代的核心概念。

6.1 嵌入式系统与智能传感器

测量的目标,是获取能够反映待测对象状态的信息。然而,不同的测量系统,或者同一测量系统中的不同环节,对信息的定义是不同的。例如,测量病人的体温时,温度传感器将体表温度信号转换为电信号,再进一步将电信号的幅值转换为温度值。以数值形式表示的温度数据可以认为是从信号中提取出的信息。医院的医生通过温度值判断病人体温是否正常,得到"体温正常与否"的决策是信息,而具体的温度值则可认为是原始信号。医生根据体温数值,结合其他体征参数的测量结果,判断病人具体发生了什么样的病症,得到的诊断结果是信息,体温数值及其他体征参数的测量结果,则可认为是信号。有时候,这种诊断不仅需要考虑当前的测量结果,还需要考虑最近一段时间内的测量结果,也就是说,需要根据历史数据的演化过程,才能给出诊断结果。

显然,上述诊断过程中,信号获取的方式与地点,数据处理的方式与运算执行的层次等,与具体的诊断目标有密切的关系。如果只是获取体温数值,则在体温计中就可以实现。如果需要考虑各种体征指标的历史演化过程,则不仅需要多台仪器的协同测量结果,还需要借助病例中记录的历史数据,才能得到可信的诊断决策。

类似地,智能传感器的定义,也会因具体测量目标而有所不同,目前尚无统一的标准。上面的例子中,测量系统本身需要具备记忆能力,是满足测量需求的共同点。即使简单的体温测量,也需要电子体温计中存储了由电信号转换为体温数值的计算参数,才能完成电信号到体温数值的转换。因此,将器件本身是否存在记忆环节,作为判断是否是"智能"器件的简单标准,尽管不是很严谨,但对于大部分情形而言,还是合理的。

智能传感器的一种常见定义为:智能传感器是由微处理器驱动,具有本地运算及通信功能,可向监测系统和/或操作员提供信息,以提高操作效率和降低维护成本的传感器。

因此,与传统形式的传感器相比,智能传感器增加了如下性能。

(1)信号调理能力。能够在恶劣的现场环境中,有效隔离干扰并保持测量结果的完整性。

(2)本地运算能力。能够在本地处理和解释数据,根据所测量的物理参数给出测量决策。

(3)自诊断与故障报警能力。能够在无人工操作干预的条件下,给出传感器运行状态、待测对象故障报警等信息。

(4)符合通信标准的通信能力。能够将本地测量结果与其他器件/设备进行通信。

因此,以微处理器为核心的嵌入式系统,是智能传感器的核心部件。实际上,以单片机为代表的嵌入式微处理器,从一开始进入市场,就与传感器的应用技术紧密结合在了一起,将传统测量系统中分立实现的"敏感单元+信号调理+ADC+算法+数据通信"功能,集成实现于同一电路板甚至同一芯片中。

如图 6-1 所示,虚线框内的功能环节,都可以用嵌入式微处理器实现。借助大规模集成电路制造技术,不仅需要采用高频电路实现的数据通信模块可以集成到嵌入式系统中,需要采用模拟电路实现的信号调理,乃至一些可以用 MEMS 技术实现的敏感元件(如温度、压力、加速度等),都可以集成到同一芯片中,以元件形式成为整套测量系统中的一个基本单元,实现待测参量到数据流的转换。

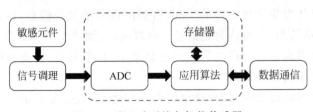

图 6-1 嵌入式系统与智能传感器

实际上,1998 年起,用于嵌入式系统中的微处理器,市场出货量就已经超过了个人计算机用的处理器。以微处理器为核心构建的嵌入式系统,已经成为现代测控系统的基本单元。嵌入式系统本身足够强大的计算功能,不仅为构建功能复杂的智能传感器提供了技术基础,也直接导致了测控系统架构及运行方式的根本性变革。系统中流动的不再是简单的模拟/数字信号,而是经过计算处理后的数据流。相应地,软件成为影响系统复杂度及开发成本的主要因素。据统计,嵌入式系统开发过程中,软件开发成本要占到 70%～80%。现代测控系统中的智能传感器,不仅需要收集、存储、传输数据,还需要有足够强的数据管理能力。

6.2　总线与通信协议

以嵌入式系统为基本单元的测量系统中,流动的是以数字信号为特征的数据流。因此,各功能单元之间的数据传递,必须符合统一的标准,保证数据能够安全可靠地在系统中流动。

数据传输最常用的中间媒介,就是数据总线。

总线(bus)与公共汽车是同一个英文单词。直观理解,数据总线就是传输数据的公共路径。连接到总线上的设备,需要遵循同一技术规范与操作方式。一组设备通过总线连在一起称为"总线段"(bus segment)。在总线上发起消息传输的设备叫做"总线主设备"(bus master),又称命令者。不能在总线上主动发起通信,只能对总线消息进行接收查询的设备称为总线从设备(bus slave)。被总线主设备连上的从设备称为"响应者"(responder)。主、从设备使用总线的一套管理规则,则称为"总线协议"(bus protocol)。

总线上命令者与响应者之间的"连接—数据传送—脱开"这一操作序列称为一次总线操作。命令者可以在做完一次或多次总线操作后放弃总线占有权。一旦某一命令者与一个或多个响应者连接上后,就可以开始数据的读写操作。

通信请求是由总线上某一设备向另一设备发出的请求信号,要求后者给予注意并进行某种服务。总线在信息传送的操作过程中有可能发生"冲突",需进行总线占有权的"仲裁"。总线仲裁是用于裁决哪一个主设备是下一个占有总线的设备。某一时刻只允许某一个主设备占有总线,等到它完成总线操作,释放总线占有权后,才允许其他总线主设备使用总线。总线主设备为获得总线占有权而等待仲裁的时间叫作"访问等待时间"(access latency),而命令者占有总线的时间叫作"总线占有期"(bus tenancy)。

由上述介绍可以看出,数据在总线中的传输,最突出的特点就是"间歇性"。设备只能在某一时间段占用数据总线,出现在总线上的数据,也是"断续"的。

考虑这样一个场景:两个人在嘈杂环境中进行电话沟通,甲说一句话,乙可能听清楚了,也可能听不清楚。听清楚了,甲就可以说第二句话。如果没听清楚,就需要甲再重复一遍,直到乙听清楚为止。数据通信的方式,与此情形类似。如图 6-2 所示,甲乙双方(发送者与接收者)的数据传递,尽管最终要借助传输媒介中具体物理量(电话线中的电信号)的变动来实现,但不是连续不断地进行,而是以数据打包(消息＝一句话)的方式间歇传递的。因此,数据通信系统包括如下五个部分:

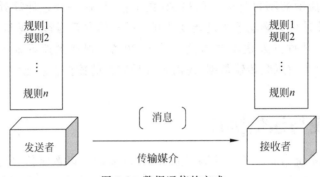

图 6-2 数据通信的方式

(1) 消息,即需要传递的数据包。

(2) 发送者,即发送消息的一方。

(3) 接收者,即接收消息的乙方。

(4) 传输媒介,连接甲方、乙方的物理媒介。

(5) 通信协议,双方共同遵守的规则,包括沟通的语言、说话的先后次序等。

通信协议可认为是一套系统中"信号变动"的系统规范。协议定义了通信的规则、语法、语义、同步以及发生可能错误时的恢复方法。最为常见的就是互联网中采用的 TCI/IP 协议。实际上,不仅在设备之间的数据通信需要通信协议,在设备内部需要进行数据传递的电路单元中,用硬件、软件或软硬件结合的方式实现的数据通信接口,也是几乎无处不在的。

当同一传输媒介中存在多个需要进行数据传递的单元(称为节点)时,通信协议就是一整套事先约定好的规则,以保证多个节点之间可以有条不紊地进行数据交换。这些规则明确规定了数据格式以及有关的同步问题。这里所说的同步不是同频或同频同相,而是指在一定的条件下应当发生什么事件(如发送一个应答消息)。通信协议主要由以下三个要素组成:

(1) 语法,即数据包(消息)的结构或格式,如图 6-3 为一种数据报文格式,其中 BCC 为校验码。

| SOH | HEAD | STX | TEXT | ETX | BCC |

图 6-3 语法格式

(2) 语义,即需要发出何种控制信息,完成何种动作以及做出何种应答。如图 6-3 中,规定 SOH 的语义表示所传输数据报文的报头开始,而 ETX 的语义则表示数据结束。

（3）同步，即事件实现顺序的详细说明。例如，在双方通信时，首先由发送者发送一份数据报文，如果接收者收到的是正确报文，就应遵循协议规则，给出 ACK 的应答，让发送者知道其所发出的报文已被正确接收。而如果收到的是一份错误的报文，就应给出 NAK 的应答，要求发送者重发刚刚发过的报文。

对于通信系统中的每个节点来说，对信号中的信息解读是分层实现的。还是以甲乙双方打电话为例，电话线中传递的是模拟的电信号，而乙方需要了解的，则是由电话线中的电信号经过一系列转换成语音信号后，甲方想要表达的意思（语义）。因此，电话沟通过程可用图 6-4 的分层结构实现。

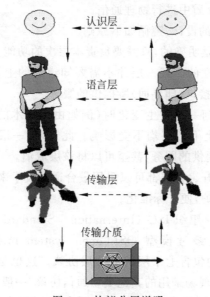

图 6-4 协议分层说明

假设甲、乙二人打算通过电话来讨论某一测量问题，至少可以分为三个层次。最高的一层可称为认识层。就是说，甲乙双方必须具备起码的测量专业知识，保证能够听懂对方所谈的专业内容。下面的一层可称为语言层，即通信的双方能互相听懂对方所说的语言。在这一层不必考虑所说内容是什么意思，内容的含义由认识层来处理。如果甲、乙二人都说普通话，则可不要语言层。但如果甲是中国人而乙是法国人，并且彼此不懂对方的语言，那就需要进行翻译，翻译成大家都懂的第三国语言（如英语）。再下面的一层是传输层。负责将每一方的语音变换为电信号，传输到对方后再还原为语音信号。类似地，这一层只考虑语音信号是否真实有效，完全不考虑究竟是哪一国的语言，更不会考虑其内容如何。

这种分层结构的一个重要特点，就是对等层之间是"透明"的。甲乙双方所处的认识层是透明的，电话沟通过程就像是两个使用共同语言的人在面对面地交流。语言层是透明的，两个翻译完全不需要考虑电话系统的内部结构如何，就像是面对面地直接用英语交流。

通信协议分层的概念可概括如下。

(1) 甲节点上的第 n 层与乙节点上的第 n 层进行对话,对话的规则就是第 n 层的协议。

(2) 不同节点中包含对应层的实体叫作对等进程,通信的实质就是对等进程之间的通信。

(3) 每一对相邻层之间都有一个接口,定义了下层向上层提供的操作和服务。

(4) 除了在物理介质上进行的实通信外,其余对等实体间进行的都是虚通信:数据不是从一台机器的第 n 层直接传到另一台机器的第 n 层,而是向下传送信息直到传输介质,在物理介质中进行物理通信。

通信协议层次结构的设计,遵循如下原则。

(1) 每一层的功能是明确的,只需要负责本层次的功能。

(2) 各层之间是独立的。某一层并不需要知道它的上下层是如何实现的,仅需要知道该层通过层间接口(即界面)所提供的服务。

(3) 灵活性。当任何一层发生变化时(例如由于技术的变化),只要层间接口关系保持不变,则该层上下各层均不受影响。此外,某一层提供的服务还可以修改,如果不再需要该层提供的服务,甚至可以将该层取消。

(4) 结构上可分割开。各层都可以采用最合适的技术来实现。

(5) 易于实现和维护,便于标准化。

1978 年,国际标准化组织 ISO (International Standards Organization)提出了著名的开放系统互连参考模型 OSI(open system interconnection reference model),即图 6-5 所示的包含七个层次的分层协议。这也是目前已知的层数最多的数据通信协议。工业现场采用的其他类型通信协议,一般没有这样复杂。例如,1996 年开始出现的现场总线协议,就仅采用了 OSI 模型中的应用层、数据链路层和物理层。如表 6-1 所示。

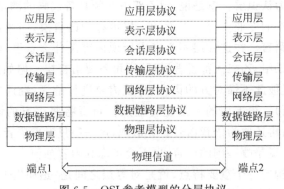

图 6-5　OSI 参考模型的分层协议

表 6-1　现场总线通信协议

OSI	现场总线	
	用户层	从数据产生数值
应用层	应用层	适用格式化数据
表示层	不用	
会话层	不用	
传输层	不用	
网络层	现场总线访问子层	映射到数据链接层
数据链路层	数据链路层	探测错误
物理层	物理层	发送数据

6.3　信号传输与设备间的连接

数据通信协议为工业自动化带来的最大改变,就是信号传输方式。图 6-6 为现场总线测控系统与传统测控系统的结构对比图,是当年提出现场总线时常用的说明图。与需要多条硬接连线的传统结构相比,现场总线结构中的设备均连接在同一总线上,大大降低了布设电缆的复杂度。测控系统的架构由硬接线/专有结构封闭式系统,转为基于总线的开放式系统,更是彻底改变了器件之间、设备之间的连接方式。

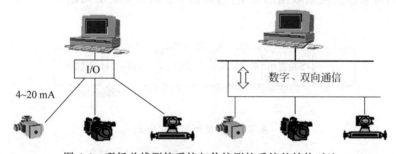

图 6-6　现场总线测控系统与传统测控系统的结构对比

实际上,在过去的三十多年中,工业自动化系统发生了非常大的变化。信号传输是推动这种改变的关键技术之一。以互联网为代表的数据通信技术的进步,不仅改变了设备间的连接方式,而且直接导致了工厂运作方式的变革。新技术进入工业品的生产需要一个过程。尤其是在大型设备中,考虑到成本、安全等方面的因素,通常会采用保守设计的原则,新技术向产品的转移速度更要慢一些。相应地,现有的设备间连接方式也呈现多种技术并存的现象。

工业设备间的常见数据传输方式,大致可总结为如图 6-7 所示的几种类型。以气体/液体为传输媒介的压力信号,已经有了上百年的历史。在一些特殊场合,比如石油行业的井下信号传输中还可见到应用。与实验室中常见的电压信号不同,工业现场常用 4~20 mA 的电流信号进行传输。由于电流为功率信号,尤其适合存在电磁干扰或需要进行长距离传输的场合。4~20 mA 可以模拟信号的方式传输,也可用模拟/数字的混合方式传输。例如,现场总线中的 HART 协议,就是采用混合方式进行数据传输。以总线形式进行传输,是最为常见的数字信号传输方式。不需要布设电缆的无线信号传输方式,则是无线传感网的核心技术。

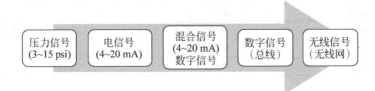

图 6-7　信号传输的方式

设备间的连接方式如图 6-8 所示。可用两根电缆线同时实现供电与信号传输的 4~20 mA 信号,依然是一对一信号传输的常见方案。多路复用可降低传输电缆的数目,但分时复用的工作方式会导致传输速度降低,因此常用于低速信号的传输。多点总线可用同一条电缆线连接多个设备,常用于串行总线设备的连接,应用场景比较受限。相比之下,数据总线技术更为常见,尤其是采用 profibus 等现场总线协议的设备中,通常采用这种连接方式。伴随互联网技术的进步,有线、无线网络的传输方式在设备连接中越来越常见。简单易维护是网络传输的重要优势,数据传输的可靠性及网络数据的安全性,则是需要研究解决的问题。

图 6-8　设备间的连接方式

分布式测控系统将分处于不同地理位置的多台设备连接在一起,实现协同工作。在通信协议中介绍过的“透明”概念,同样适用于这一场景。对于用户而言,系统的具体内部结构应该是“透明”的。

最简单的工业设备连接方式,是所谓的上位机下位机系统。尽管上位机下位机的概念在 2000 年之后的文献中就不是很常见了,但这种架构的测控系统在工业现场还有广泛的应用。布设在现场的测控设备称为下位机,通过电缆线与位于控制室的中央计算机(上位机)相连。数据的复杂处理,均由上位机完成。一对一连接的上位机下位机系统在一些简单的测量场合还可见到,比如汽车称重系统。更多的上位机下位机系统则是多对一的连接。点之间可以是直接的电缆连接,如图 6-9(a)所示,也可以通过中间设备后,再连接到上位机中,如图 6-9(b)所示。

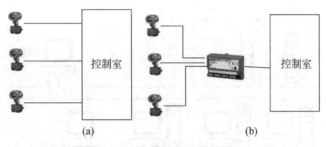

图 6-9 上位机下位机系统

如图 6-10 所示的 SCADA(supervisory control and data acquisition)系统,是一类以中央计算机为核心的,侧重于大型组态软件的数据采集与监控系统。常见于分布式水、电、气资源的远程管理,在大型放疗设备中,也常采用这种架构。这类系统的应用对象一般有两个特征:一是测控设备的地理位置分散,二是需要进行大量的数据计算以及运行大型的组态软件。

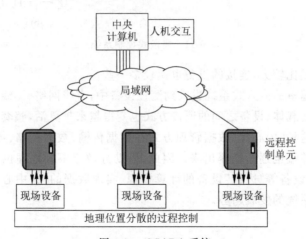

图 6-10 SCADA 系统

如图 6-11 所示的集散式控制系统(distributed control system,DCS),是最为常见的分布式测控系统架构。名字中之所以没有"测"是由历史原因导致的。早期的 DCS 系统是用于管理分布于不同地理位置的数字式控制设备。现在的 DCS 系统则广泛用于多台分布式测量与控制设备的中心化管理,由功能与物理上独立的多个测量、控制、数据处理、数据存储、人机交互等设备组成。所有设备都通过速度足够快的数字网络相互连接,以确保相关信息的及时传输与共享,也因此成为生产企业信息化的基本架构。

上述系统架构的一个共同特征,就是数据的分布采集、集中处理。大量的数据处理是在中央计算机中进行的。从这一角度来看,几种分布式测控系统其实没有本质区别。实际上,最初的 SCADA 或 DCS 系统,都是围绕独立的计算机构建的,并没有联网功能。与简单的上位机下位机系统相比,SCADA 或 DCS 系统的特点

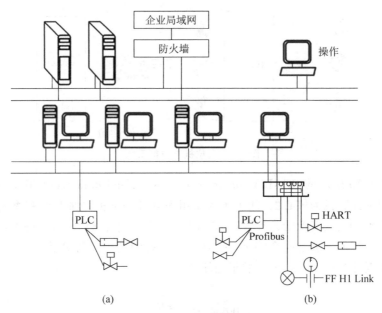

图 6-11　集散式控制系统

在于系统的规模比较大,连接的设备也比较多一些。

随着越来越多的嵌入式系统进入到测控设备中,有线网络、无线网络逐渐成为数据交互的主要载体,设备之间的连接方式也变得越来越灵活,整套系统的网络也越来越复杂。这种"中心化"数据管理方式在数据传输、数据存储、数据安全、响应时间等方面的弊端也逐渐显露出来。因此,借助分散于不同地理位置上的嵌入式系统、数据交换设备等"边缘"设备的计算资源,实现数据的"去中心化"管理,逐步成为现代测控系统的发展趋势。

6.4　信息物理系统

2011 年,Kagermann 等人在德国汉诺威博览会上提出了工业 4.0 的概念,认为工业的发展经历了从 1.0 到 4.0 的四个时代。

工业 1.0:始于 18 世纪末,伴随蒸汽机的出现,工业生产从手工活动转向以机器为基础机械化生产。标识性事件是 1784 年第一台纺织机械的出现。

工业 2.0:始于 19 世纪末,电力机械的出现,工业生产开始进入规模化大生产时代,标识性事件是 1870 年辛辛那提屠宰场的生产线建成。

工业 3.0:始于 20 世纪 70 年代,机械电子、计算机、工业机器人等新技术的出现,工业生产开始进入自动化时代。标识性事件是 1969 年可编程逻辑控制器(programmable logic controller,PLC)研制成功。

工业 4.0:始于 21 世纪初,信息与通信技术的进步对制造业产生深远的影响,机器学习算法开始进入自动化系统。生产过程中人的因素越来越重要,但实际的人工操作越来越少。

工业 4.0 目前尚无公认的标识性事件,但 2006 年出现的信息物理系统(CPS)是工业 4.0 核心的说法,开始被越来越多的人所接受。

CPS 是一种连接多个计算实体,实现协同运算的系统。这里所说的计算实体,可以是个人计算机或服务器,也可以是功能相对简单的嵌入式系统。

许多人认为 CPS 的概念起源于嵌入式系统。现场设备中布设了大量的嵌入式系统。嵌入式系统实现了具体物理过程与数值计算的紧密集成与协同。CPS 在更高一级的层面上,将布设于不同地理位置的嵌入式系统进行连接与协同运算,同时提供和使用网络中可用的数据访问和数据处理服务,实现对具体物理过程的感知、监视与操控。与传统意义上的测控系统不同之处在于,CPS 采用了"全局虚拟、本地物理"的工作模式。物理过程的感知与操纵发生在本地,而控制与观察则借助虚拟网络安全、可靠、实时地实现。由于 CPS 更强调系统中各个单元之间的互动,因此被形象地称作"系统之系统"。

如图 6-12 所示,CPS 包括三个部分,即物理过程、接口、信息系统。物理过程是指所需要监测或控制的具体物理现象,信息系统包括了嵌入式系统以及在分布式环境中进行信息处理与通信的全部器件。接口则是连接信息系统与物理过程的那些通信网络与中间器件,包括彼此连接的传感器、执行器、模拟数字转换器(ADC)、数字模拟转换器(DAC)等。

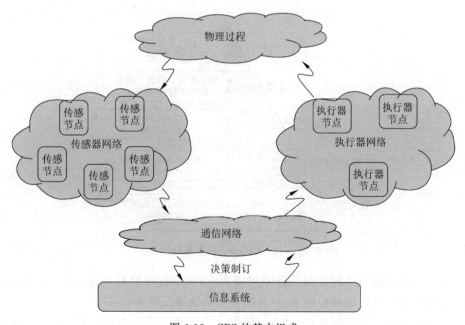

图 6-12 CPS 的基本组成

CPS 实现了网络与物理系统的紧密耦合。物理系统是 CPS 最重要的部分。根据具体需求,合理地整合传感器与执行器网络资源,是决定 CPS 运行效果的关键。信息系统是 CPS 的核心。CPS 具有安全性、实时性和可预测性的要求。大部分执行器所执行的物理操作是不可逆的,信息系统给出的决策信息,不仅要求具备可信度、安全性、有效性,还需要有足够的实时性,需要 CPS 能够在任何时刻、任何情况下合理地将资源分配给多个相互竞争的实时任务,从而满足每个实时任务的实时性要求。

图 6-13 给出了 5C 体系架构,此架构是 CPS 常用的参考模型。5C 模型包括五个层次,即配置(configuration)、认知(cognition)、网络(cyber)、转换(conversion)、连接(connection)。例如,考虑某机械加工设备的维护问题时,5C 中每个层次对应的内容如下。

(1) 连接——传感器(振动、声发射、温度、电流)、控制参数(PLC 上的转速、切割参数等)。由位于本地的工控机处理成数据。

(2) 转换——特征提取(时频参数、RMS、鞘度等)、控制数据整合,上传到云服务器。

(3) 网络——数据聚类分析(与历史数据比对),如发现新的类别(工况),则添加。

(4) 认知——设备的健康水平。如刀具的工况。

(5) 配置——根据健康水平进行决策,给出配置信息,反馈到设备中。

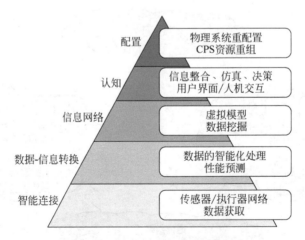

图 6-13　CPS 的 5C 参考模型

显然,与传统形式的状态监测协同相比,CPS 不仅可针对具体设备、具体工况给出决策,并且可以添加新的工况,并能及时将决策反馈到设备中。

现实应用中,不可能要求 CPS 中的每个连接节点都源自同一厂家,执行同一标准,因此存在所谓的"异构"问题。使用过苹果手机与安卓手机的读者,应该对应用软件的异构性质有所体会——有些应用软件是不能直接共享的。

异构是 CPS 的一个基本特征,或者说,CPS 是信息系统与物理系统深度集成和交互的异构分布式系统。

图 6-14 给出了 CPS 与 OSI 七层模型的对比。从物理层到传输层,已经与基于以太网的 TCP/IP 技术融合。所以,实现异构系统的无缝连接,应用层是需要解决的关键所在。CPS 将系统划分为三个层次。物理层是指 CPS 中的单元组分及相互的物理作用,平台层是指支持包括通信基础器件在内的数字系统硬件设备,软件层包括操作系统各种不同的数字进程。软件层实际控制 CPS,并提供实现智能或复杂任务的方法。

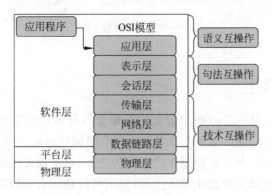

图 6-14　CPS 与 OSI 模型的对比

由于 CPS 鲜明的网络特征,很容易将 CPS 与物联网的概念联系在一起。实际上,物联网是 CPS 概念形成的重要驱动力。物理网概念的出现要早于 CPS。1999年,麻省理工学院(MIT)汽车识别中心的 Ashton 提出了物联网,建议为每种产品提供一个独特的电子标签,并将产品连接到互联网中。二十多年后的今天,学术界从不同的角度对物联网进行了阐述,但依然还没有统一的定义。一般来说,物联网更多的是一个计算概念,描述了一种将大量对象直接连接到互联网的方法。通过部署智能传感器感知周围环境,传输和处理采集到的数据,然后使用智能执行器与环境进行交互。物联网主要应用场合还是在消费领域,包括家庭自动化,能源管理和家庭健康监测等。

与 CPS 更接近的概念,是工业物联网。工业物联网是物联网的一个子集,描述了制造过程中机器对机器(m2m)的连接与工业通信技术。工业物联网中的通信是面向机器的,应用的整体网络往往比物联网系统更大。工业物理网借助大量数据的收集与分析提供解决方案,从而实现工业操作的优化,以更好地进行质量控制、预防性维护和资产管理。

CPS 可以简单理解为一种分布式的自动化系统。同时考虑物理对象与计算机网络,是 CPS 不同于物理网的关键,如图 6-15 所示。

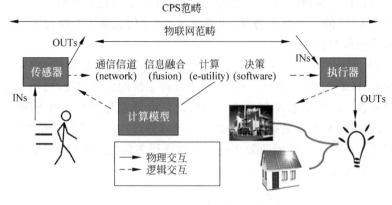

图 6-15　物联网与 CPS

6.5　数字孪生

数字孪生(digital twins)是制造业的新概念。著名哲学家与数学家莱布尼茨(G. W. Leibniz)曾经说过,世界上没有两片完全相同的树叶。中国也有一句古话,龙生九子,九子不同。从工厂批量生产出来的产品,也是如此。即使是根据同一套图纸、从同一条生产线上制造出来的产品,也不可能是完全相同的。数字孪生在数字世界中,为每一件产品建立了一套副本,即数字孪生体。数字孪生体与物理世界中的物理孪生体一起成长,实现产品的全寿命周期管理。

直观理解,数字孪生很像是生活中的档案管理。每个人从出生之前,数字记录就开始出现在孕妇的体检档案中。婴幼儿时期的免疫注射、成长过程中的各种事件、体检与就医报告等,都可以在数字世界中找到记录。借助互联网技术,完全可以将所有档案记录整合起来,为物理世界中的每个人,建立一套虚拟世界的数字孪生体。

制造业中的数字孪生,最早出现在产品设计的计算建模领域。将具体场景中运行的物理对象,在数字域中生成一个一对一映射的计算模型,从而可借助数字孪生体的计算,更好地实现物理对象的设计、生产以及运行过程中的动态管理。因此,数值计算能力是数字孪生的关键。计算机从 1960 年代开始进入制造业,从简单的模型计算到计算机辅助设计(CAD),到 2015 年前后出现数字孪生的概念,计算机的普及应用以及性能的大幅提升,可以说是数字孪生技术进步的原动力。信息物理系统(CPS)、大数据、人工智能、云计算和数字现实技术,则为数字孪生由建模仿真走向产品全寿命周期管理,提供了必要的技术支撑。在数字孪生的体系中,物理世界和数字世界可以作为一个整体进行管理。物理孪生体与数字孪生体之间始终保持动态交互,由物理孪生体得到的数据可以用于改进数字孪生体的计算模型,从而可以随着时间的推移提高预测性能。当预测到物理孪生体的性能变差时,可以及时通知用户做出改变。

与传统的仿真模拟技术相比,数字孪生有如下几方面的特点。

(1) 数字孪生体是真实存在的"事物",即物理孪生体的虚拟模型。

(2) 数字孪生体模拟物理孪生体的物理状态和行为。

(3) 数字孪生体是独一无二的。每一个数字孪生体,对应唯一的一个物理孪生体。

(4) 数字孪生体是随时间推移不断成长的,可以根据物理孪生体的状态、条件或上下文的变化,保持自身的不断更新。

(5) 数字孪生通过可视化、分析、预测或优化等方式,为产品制造商提供价值。

因此,与人员管理档案的情形类似,一个数字孪生体可能在物理孪生体被制造出来之前就已经存在了,并且在物理孪生体到达生命终点之后,仍然会存在很长时间。同一物理孪生体可能存在多个数字孪生体,以满足不同的用户需求。

如图 6-16 所示,数字孪生位于四项基本技术的交叉区域。

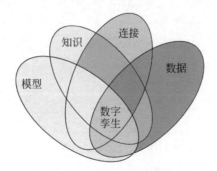

图 6-16 数字孪生涉及的基本技术

(1) 模型。不仅可根据物理孪生体的运行数据,修订计算模型的参数,还可添加新的基于物理/基于数据的模型组件。

(2) 知识。从物理孪生体的运行数据与具体工况细节中学习新知识,保证随着时间的推移,专家知识库仍然是信息丰富和最新的。

(3) 连接。随时间演化的数字系统组织方式。

(4) 数据。来自物理孪生体的定量/定性信息集。

因此,随物理世界真实情况而不断做出改变的时间演化能力,是数字孪生的重要特点。数字系统的连接与数据中的知识挖掘与发现,则是保证数字孪生不断进化的必要条件。

借助图 6-17 给出的数据流图,可更好地理解数字孪生概念的重要性。传统的数值仿真,物理实体与数字物体之间的数据传递,都是手动进行的。物理实体的演化并不能及时反映到数字物体中,反之依然。如状态监测系统中的情况好一些,物理实体的数据自动传递到数字世界中,可保证数据分析及决策的实时性,但从数字物体到物理实体的数据,依然需要手动传递,因此影像了决策信息反馈的及时性。

数字孪生则可实现数据流的双向自动传递,因此可更好地跟踪、调整物理实体的运行状态。

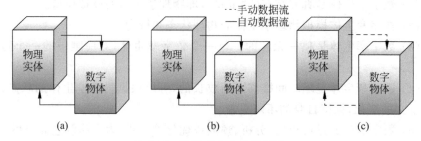

图 6-17 数字孪生中的数据流

(a) 数字孪生;(b) 状态监测;(c) 仿真计算

参 考 文 献

[1] 董永贵,李庆祥. 精密测控与系统[M]. 北京:清华大学出版社,2005.

[2] 董永贵. 传感技术与系统[M]. 北京:清华大学出版社,2006.

[3] 董永贵. 微型传感器[M]. 北京:清华大学出版社,2007.

[4] OPPENHEIM ALAN V,WILLSKY ALAN S,Nawab S Hamid. Signals and systems[M]. 2nd ed. Prentice-Hall,Inc. 1997.

[5] ADDISON P S. Introduction to redundancy rules: the continuous wavelet transform comes of age[J/OL]. Philosophical transactions of the Royal Society A,2018,376: 20170258. [2021-12-25]. http://dx. doi. org/10. 1098/rsta. 2017. 0258.

[6] DAVIDE B. Analog electronics for measuring Systems[M]. ISTE Ltd and John Wiley & Sons,Inc,2017.

[7] MORRIS ALAN S. Measurement and instrumentation principles [M]. Butterworth Hienemann,2001.

[8] JACOB F. Handbook of modern sensors: physics,designs,and applications[M]. Springer Science+Business Media,2010.

[9] JOHN S,Circuits,signals,and systems for bioengineers,a matlab based introduction[M]. Elsevier Inc,2018.

[10] ASUERO A G,SAYAGO A,GONZÁLEZ A G. The correlation coefficient: an overview [J]. Critical reviews in analytical chemistry,2006,36(1): 41-59.

[11] SCHOBER P,BOER C,SCHWARTE L A. Correlation coefficients: appropriate use and interpretation[EB/OL]. Anesthesia & Analgesia,2018,126(5). [2021-12-25]. https:// doi. org/10. 1213/ANE. 0000000000002864.

[12] MOTULSKY H J,CHRISTOPOULOS A. Fitting models to biological data using linear and nonlinear regression[EB/OL]. A practical guide to curve fitting,2003. GraphPad Software Inc. San Diego CA,[2021-12-25]. www. graphpad. com.

[13] SHAUN B,Understanding the structure of scientific data[EB/OL]. LCGC Europe Online Supplement,2001. [2021-12-25]. http://alfresco-static-files. s3. amazonaws. com/alfresco_ images/pharma/2014/08/22/273613dd-1bbd-4357-a190-336336a991c3/article-4489. pdf.

[14] SHAUN B,Regression and calibration[EB/OL]. LCGC Europe Online Supplement,2001. [2021-12-25]. https://www. webdepot. umontreal. ca/Usagers/sauves/MonDepotPublic/ CHM%203103/LCGC%20Eur%20Burke%202001%20-%202%20de%204. pdf.

[15] SHAUN B,Analysis of variance[EB/OL]. LCGC Europe Online Supplement,2001. [2021-12-25]. https://pdfs. semanticscholar. org/fab5/b731305f6151c3ae7eb803047bbac1d8a7c8. pdf.

[16] SHAUN B,Missing values,outliers,robust statistics & non-parametric methods[EB/ OL]. LCGC Europe Online Supplement,2001. [2021-12-25]. https://www. webdepot. umontreal. ca/Usagers/sauves/MonDepotPublic/CHM%203103/LCGC%20Eur%20Burke% 202001%20-%204%20de%204. pdf.

[17] BLAND J M, ALTMAN D G. Comparing two methods of clinical measurement: A personal history[J]. International Journal of Epidemiology, 1995, 24(3): S7-14.

[18] MYLES P S, CUI J. Using the Bland-Altman method to measure agreement with repeated measures[J]. British Journal of Anaesthesia, 2007, 99(3): 309-11.

[19] WEBSTER J G. The measurement instrumentation and sensors handbook[M]. CRC Press LLC, 1999.

[20] SINGH S K, YADAV M K, KHANDEKAR S. Measurement issues associated with surface mounting of thermopile heat flux sensors[J]. Applied thermal engineering, 2017, 114: 1105-1113.

[21] ACKERLEY N. Principles of broadband seismometry[J/OL]. Encyclopedia of Earthquake Engineering, 2014. [2021-12-25]. https://link. springer. com/referenceworkentry/ 10. 1007%2F978-3-642-36197-5_172-1.

[22] Improving ADC resolution by oversampling and averaging [EB/OL]. Silicon Labs, application note AN118. [2021-12-25]. https://www. silabs. com/documents/public/ application-notes/an118. pdf.

[23] CANDES E J, ROMBERG J K, TAO T. Stable signal recovery from incomplete and inaccurate measurements[J]. Communications on Pure and Applied Mathematics, 2006, Vol. LIX: 1207-1223.

[24] CANDES E J, WAKIN M B. Anintroduction to compressive sampling[J]. IEEE signal processing magazine, 2008, Mar: 21-30.

[25] BARANIUK R G. Compressive sensing[J]. IEEE signal processing magazine, 2007, Jul: 118-124.

[26] BOUGHER B. Introduction to compressed sensing [J]. The leading edge, 2015, Oct: 936-937.

[27] OGUNFUNMI T. Adaptive nonlinear system identification: The Volterra and Wiener model approaches[M]. Springer Science+Business Media, 2007.

[28] KVEDALEN E. Signal processing using the Teager energy operator and other operators [D], University of Oslo, 2003.

[29] BOUDRAA A O, SALZENSTEIN F. Teager-Kaiser energy methods for signal and image analysis: A review[J]. Digital signal processing, 2018, 78: 338-375.

[30] LIN J, KEOGH E, LI W. Experiencing SAX: a novel symbolic representation of time series[J]. Data Min Knowl Disc, 2015, 15: 107-144.

[31] MEHTA B R, REDDY Y J. Industrial process automation systems, design and implementation[M]. Elsevier Inc, 2015.

[32] BENDAT J S, PIERSOL A G. Random data: analysis and measurement procedures[M]. 4th ed, John Wiley & Sons, 2010.

[33] PIVOTO D G S, de Almeida L F F, Righi R R, et al. Cyber-physical systems architectures for industrial internet of things applications in Industry 4. 0: A literature review[J]. Journal of manufacturing systems, 2021, 58: 176-192.

[34] MATT D T, MODRAK V, ZSIFKOVITS H. Industry 4. 0 for SMEs: Challenges,

Opportunities and Requirements[M]. Palgrave Macmillan,2020.

[35] KRITZINGER W, KARNER M, TRAAR G, et al. Digital Twin in manufacturing: A categorical literature review and classification[J]. IFAC-PapersOnLine, 2018, 51 (11): 1016-1022.

[36] GARDNER P, BORGO M D, RUFFINI V, et al. Towards the development of an operational digital twin, Vibration[J]. 2020,3: 235-265.

[37] MADNI A M,MADNI C C,LUCERO S D. Leveraging digital twin technology in model-based systems engineering[J]. 2019,Systems,7(7).